PART 4 ····· P.68

五颜六色的花朵饰品

9、10、11 P.12

配饰的钩织方法

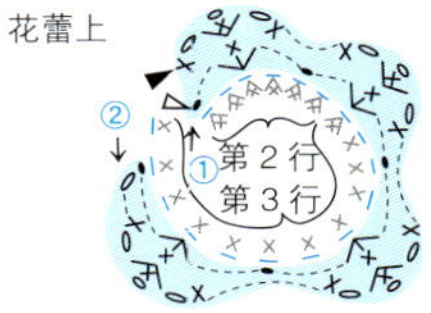

— = 花蕾下的第 1、2 行针目上面余下的半针

× ⩔ = 花蕾下的第 2、3 行

钩织花蕾

1 在花蕾下的第1行针上面接线，挑起第1、2行余下的条纹状横线（半针），钩织花蕾上的第1行。重复钩织“1针引拔针、3针短针”，完成4个花样。完成第1行的情形（右下图）。

2 变换织片方向，参照图示钩织短针和锁针。完成1个花样。

3 挑针钩织返回至第1行的钩织起点处。完成花蕾（右下图）。

在花萼上钩织内侧花瓣

1 对着花萼内侧，如图挑起第6行的横线（半针），钩织1圈短针。完成1圈的情形（右下图）。

2 第1行的每5针上钩织1片3行的花瓣。完成花瓣第1行的情形。

3 变换织片方向。完成第1片花瓣第2行的情形。

4 再次变换织片方向，完成第1片花瓣第3行的情形（左图）。钩织1针短针后即完成第1片花瓣（右图）。

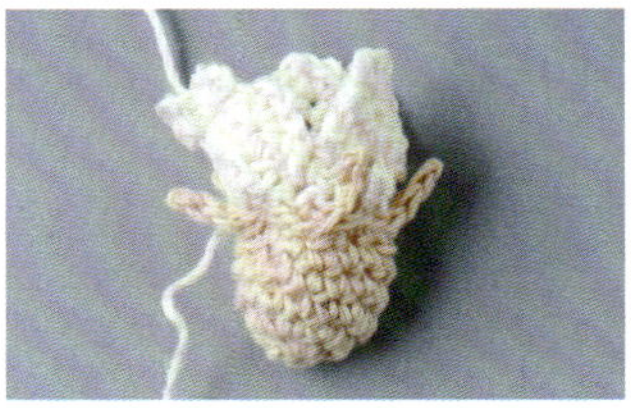

5 重复3次步骤2~4，完成3片内侧花瓣。

在花萼上钩织外侧花瓣

1 挑起花萼第6行余下的横线（半针），钩织1行短针。

2 然后和内侧的3片花瓣相同，参照图示逐一钩织4片外侧花瓣。右图为完成内侧、外侧花瓣的情形。

嵌入铁丝的茎的钩织方法
（在起针上挑针钩织的同时包裹着铁丝）

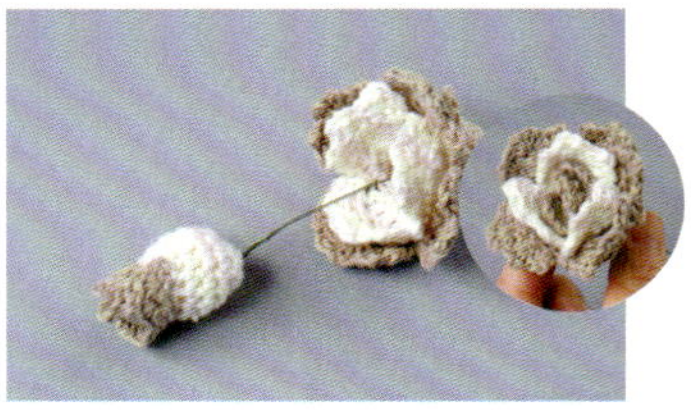

1 将花蕾底部固定的铁丝穿过织有花瓣的花萼，整理形状。

2 钩针插入花萼的底部，挂线拉出，起针。

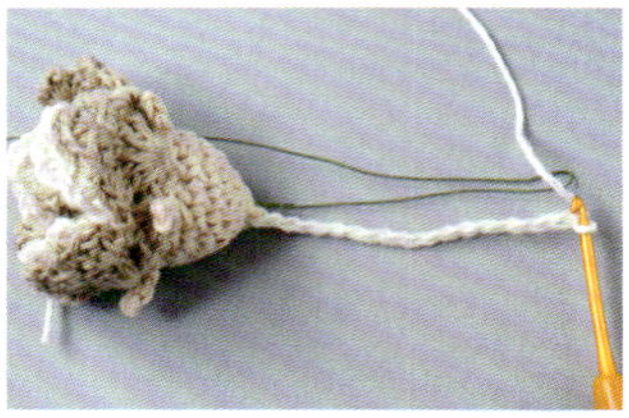

3 钩织20针锁针、立织1针锁针，共21针。

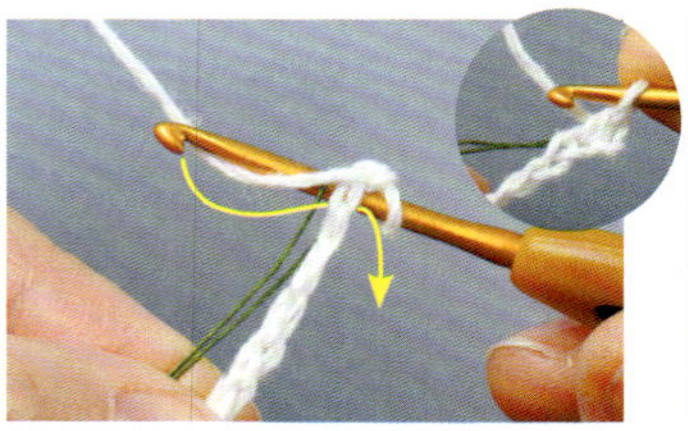

4 挑起锁针上侧的横线（半针）和里山，环绕铁丝钩织短针。只有第1针是钩针穿过铁丝弯折处钩织短针。完成第1针的情形（右上图）。

5 钩织20针短针，处理线端，完成作品。

精心编辑！回馈版

3 CROCHET BEST SELECTION 天就能钩成的 超可爱立体小物精选集

日本朝日新闻　编著
于　勇　　　译

书中不仅收录了一些
花朵、花片的胸针及发饰，
还包括项链、手链等
女生喜爱的
淑女风格首饰。

仅是远观已令人心驰神往，
急欲亲手试做，
并为之馨香祷祝！

现在就开始寻找你心动的款式，
去钩织专属自己与众不同的首饰吧！

河南科学技术出版社
·郑州·

目录

＊在 Point Lesson 中，为使分步图一目了然，特别变化了线的粗细及颜色。
＊由于是印刷品，书中线的颜色会与其标示色号存在色差。
＊橡皮筋可根据个人喜好选择不同的尺寸和颜色。

＊为使分步图一目了然，特别改变了线的粗细及颜色

23 P29 ✿ 卷边玫瑰的钩织方法

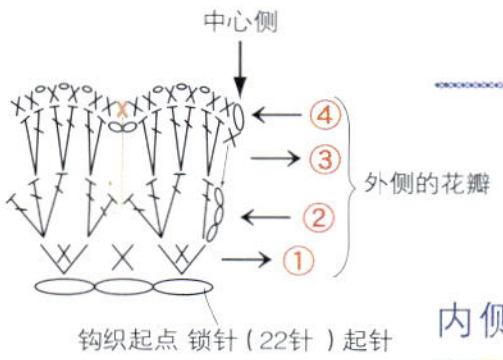

外侧花瓣第 4 行

1 钩织到 × 标记短针的前一针为止。

2 如图将钩针插入步骤 1 的●标记处，环绕着钩织二三行短针。

内侧的花瓣

3 钩针插入外侧花瓣的第 1 行，将线拉出，针上挂线，沿箭头所示方向引拔线。

4 引拔后的情形（接线）。

5 按照符号图钩织 4 片内侧花瓣。

6 使织片正面成为内侧，由中心处卷边，整理形状后在起针处缝合。

34 P41 ✿ 果实串的钩织方法

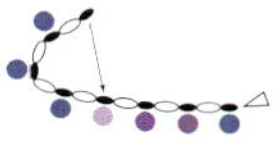

果实的连接方法

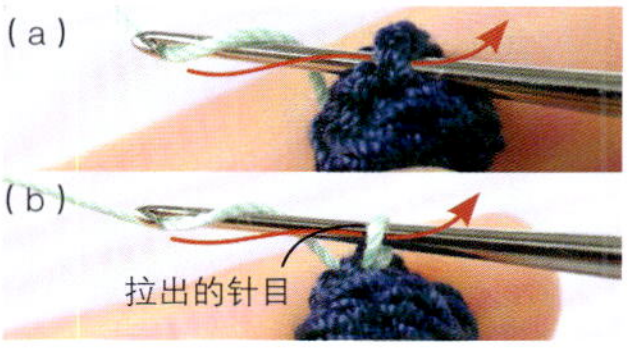

1 由果实内侧（立织针的相反侧）入针，沿箭头所示方向将线拉出【图（a）】，针上挂线沿箭头方向引拔（完成接线）【图（b）】。

2 继续钩织 1 针锁针。

3 在第 2 个果实上入针并引拔。

4 钩织 1 针锁针。

5 重复步骤 3、4，连接果实。连接7个后在第4个果实上（箭头处）钩织引拔针连接在一起。

叶柄的钩织方法

6 连接 11 个果实，完成果实串。再新接叶柄的线，钩织 4 针锁针。

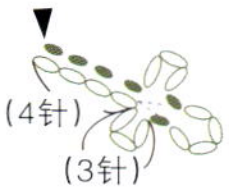

7 继续钩织 3 针锁针的狗牙针。

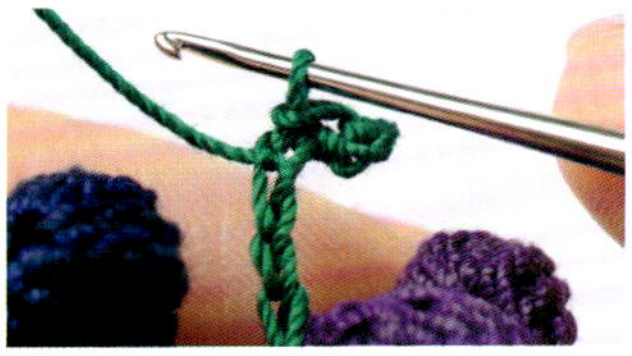

8 引拔至步骤 7●标记处。

9 同一针上钩织 4 针锁针、3 针锁针的狗牙针。

10 挑起叶柄锁针的里山【参照图中（a）的箭头标示】，钩织 4 针引拔针，返回钩织到钩织起点处。

Point Lesson

36、38 P.44

✿ V字形针的织入方法

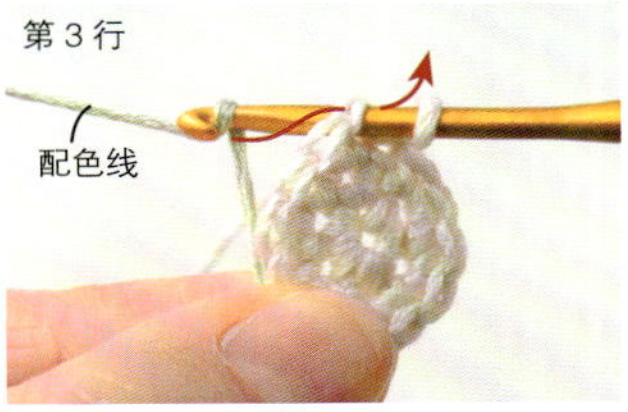

1 菌伞A的第3行立织1针锁针后，之前使用的底色线暂时休线，钩针插入前一行的第1针，针上挂配色线，如箭头所示，将线拉出。

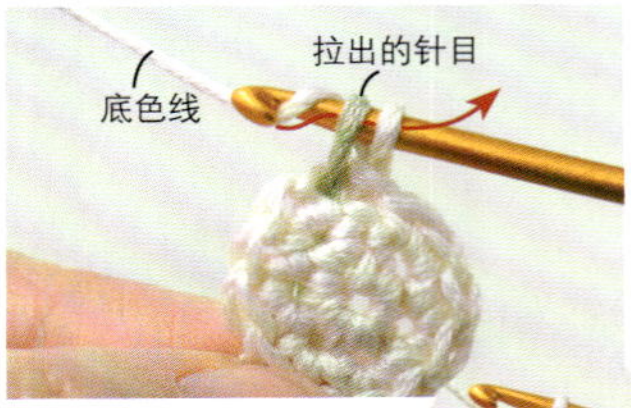

2 然后配色线休线，针上挂步骤1中休线的底色线，引拔。织入V字形配色线针目（右下图）。

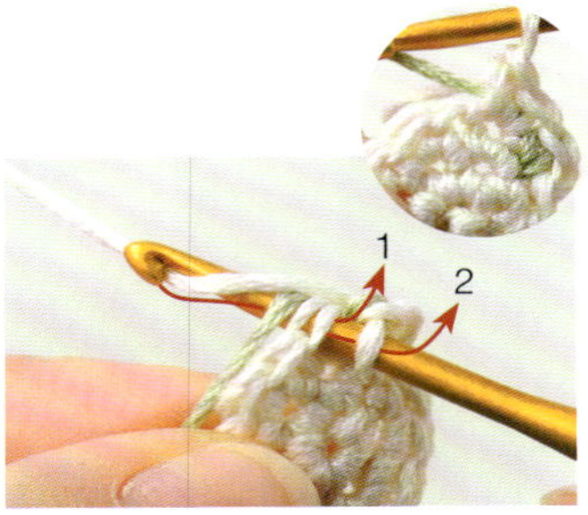

3 针上挂配色线，用底色线沿箭头所示1、2的顺序引拔，钩织短针。在背面包裹着配色线的渡线钩织，完成2针短针的情形（右上图）。

4 相同要领重复步骤1~3，钩织第3行。图为完成第3行的情形。每隔1行，错一下配色花样的位置，钩织方法相同。

42～45 P.48、49

✿ 草莓果实的钩织方法

（※ 小果实图解）

✿ 配色线的变化方法

1 用线头做绕线圆环起针，钩织到第2行时的情形。仅在第1行钩织1针立织的锁针，第2行之后不再钩织立织的锁针，一圈一圈地继续钩织。

2 第3行的第1针，钩针挂上白色线（配色线）后将线拉出。

3 拉出线后，钩针挂上珊瑚粉色线（底线），同时引拔针上的2个圆环。

4 引拔后的情形。

5 下一针用珊瑚粉色线钩织短针，此时一并挑起白色线，进行钩织。

6 用相同方法在3处换成配色线钩织。图中为第3行钩织到最后的情形。

7 按照符号图配色，钩织到第9行的情形。

✿ 果实的组合方法

8 塞入填充棉。填充棉塞得结实一些，这样形状才会好看。

9 留10cm的线端，剪断后穿入缝针。如图挑起第9行短针的2针并1针上面的半针，穿过1圈（6针）线。重复2次。

10 拉出线端后紧缩。

11 处理线头，完成果实的制作。

＊为使分步图一目了然，特别改变了线的粗细及颜色

69 P.77 ✿ 主体与绣球花的连接方法

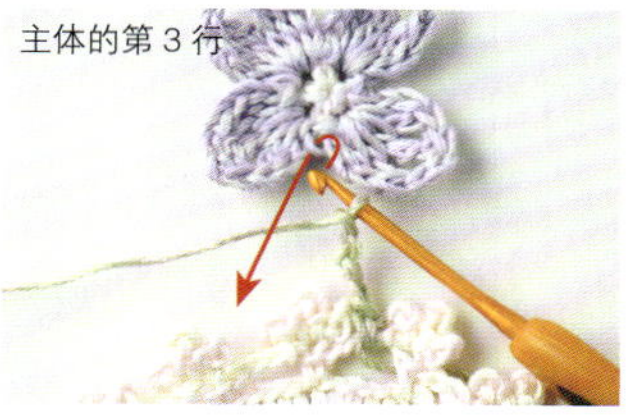

1 完成第3行的1针立织锁针、1针短针、4针锁针后，如图将钩针插入绣球花第2行的花瓣间的2针引拔针中右侧1针的1根横线内。

2 钩针挂线后引拔。连接绣球花和主体。

3 然后钩织1针锁针，挑起步骤1中钩织引拔针的4针锁针中第3针的里山进行钩织。

4 之后在3针锁针和主体上钩织1针短针，重复相同的钩织方法，交替地连接20片绣球花A、B，同时完成主体第3行的钩织。

66 P.76 ✿ 主体的钩织方法

✿ 主体第 5 行之前的钩织方法 ※为使分步图一目了然，特别改变了线的颜色

1 主体钩织到第3行，如图所示，挑织第2行余下的1根横线（半针），开始钩织第4行。

2 重复钩织引拔针和3针锁针，完成第4行。

3 如图所示，第5行挑织主体第3行的1根横线（半针）。

4 第5行按照符号图，钩织一圈。

✿ 花萼与主体的连接方法

1 挑起主体第3行余下的对面1根横线（半针）和花萼终点行的2根横线（1针），继续钩织主体第6行。

2 其间花萼中塞入填充棉后，完成第6行的钩织。

✿ 花瓣的钩织方法

1 在主体第6行上连续钩织第7行的花瓣。

2 钩织6针锁针，挑起第5针锁针的里山，按照符号图钩织中长针和长针。

3 逐片钩织花瓣，一共钩织 14 片。右下图为完成 14 片花瓣的情形。

4 然后钩织第 8 行的花瓣。

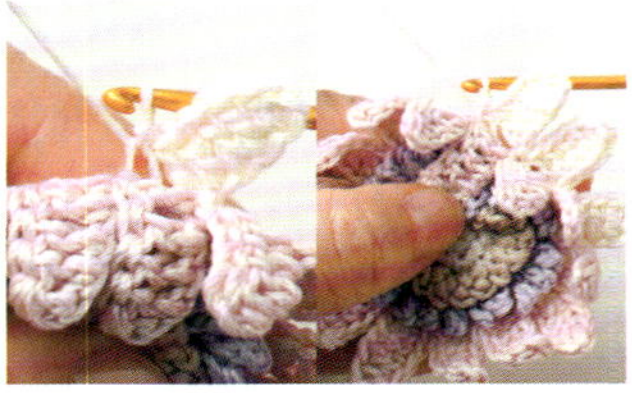

5 将第 7 行的花瓣压向手前，按照与第 7 行相同的要领钩织花瓣（左图）。一共钩织 14 片（右图）。

6 完成第 8 行花瓣的情形。主体完成（右下图）。

PART 1 玫瑰花园

将香艳美丽的大朵玫瑰、小巧可爱的迷你玫瑰、楚楚动人的野玫瑰汇集一起，
这里仿佛变成了一个千姿百态、芳香四溢的玫瑰花园。

1

2

3

4

胸针、发绳、发圈

How to knit 1、2 …… P.10 3、4 …… P.11

Design & Knitting …… 松本薰

用色号丰富的刺绣线钩织，
来乐享色彩的细微变化吧！

5

6

7

8

✿ 发卡、胸针、发圈

How to knit 5、6 — P.11　7、8 — P.89

Design & Knitting — 松本薰

轻松尝试色彩的浓淡渐变吧，
只有刺绣线才能带来如此乐趣。

1 ✿ P.8

材料与工具

【线】DMC 25号刺绣线
黄色系（743）、（3823），绿色系（989）
各1束，黄色系（745）0.5束

【针】蕾丝针0号

【其他材料】
胸针（9-11-6 银色）1个

【成品尺寸】参照图示

花萼 ※钩织成旋涡状
989 1片

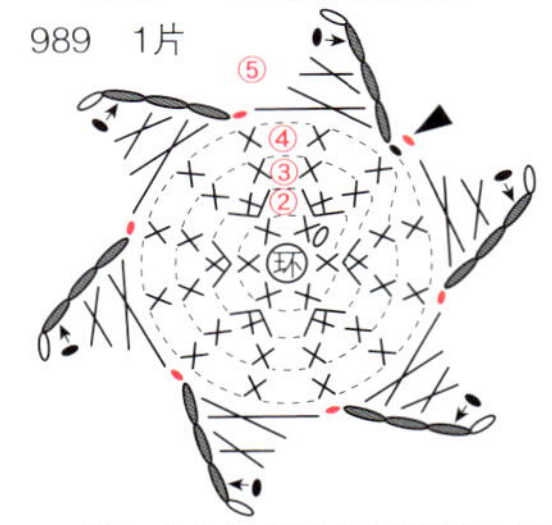

⬬ = 挑起此处锁针的上侧半针和里山2股线，按照各个指定的符号钩织

玫瑰花蕾 743 1片

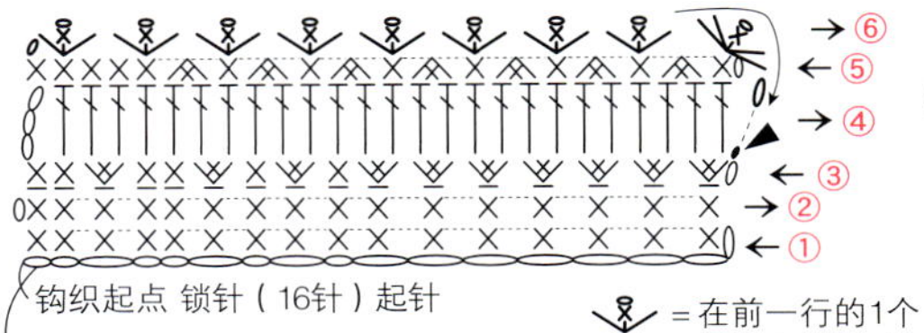

X・V = 挑起前一行对侧半针，分别在X处钩织1针、V处钩织2针短针的条纹针

= 在前一行的1个针目上钩织X°X°X

= 在前一行的1个针目上钩织X°X°X°X

花蕾与花萼的连接方法

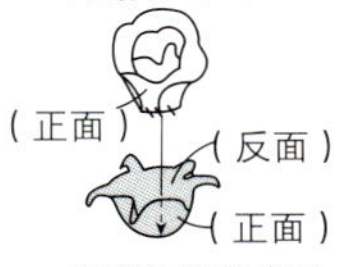

花蕾钩织完成后，叠放在花萼的中心进行缝合

花萼上钩织3片内侧花瓣、5片外侧花瓣的方法

1 钩织内侧花瓣（3片）

[1] 如图，挑起花萼引拔针的半针开始钩织

[2] 继续在[1]的第1行逐片钩织内侧花瓣，共3片

2 钩织外侧花瓣（5片）

挑起花萼处引拔针余下的对面半针，开始钩织

内侧花瓣
745

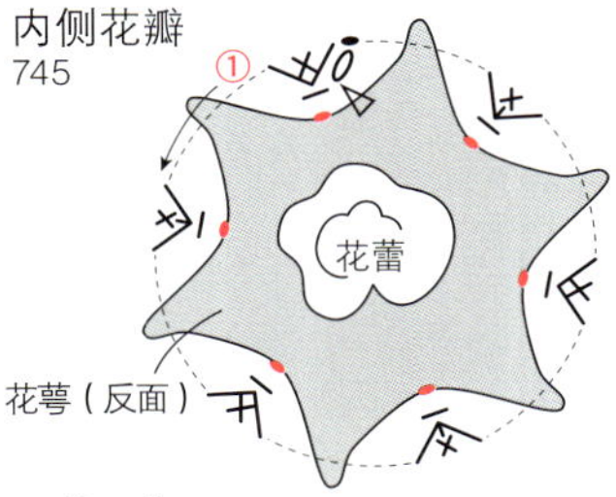

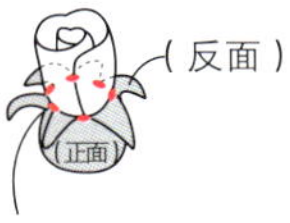

挑起花萼第5行的引拔针（⬬）开始钩织花瓣

= 挑起引拔针（⬬）手前侧的半针钩织

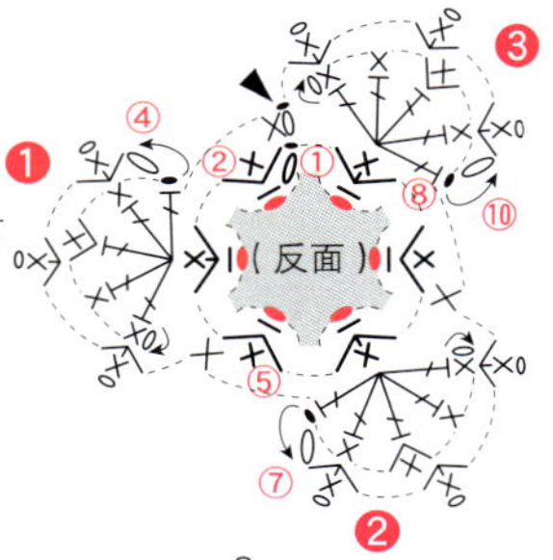

= 在前一行的1个针目上钩织 X°X°X

外侧花瓣
3823

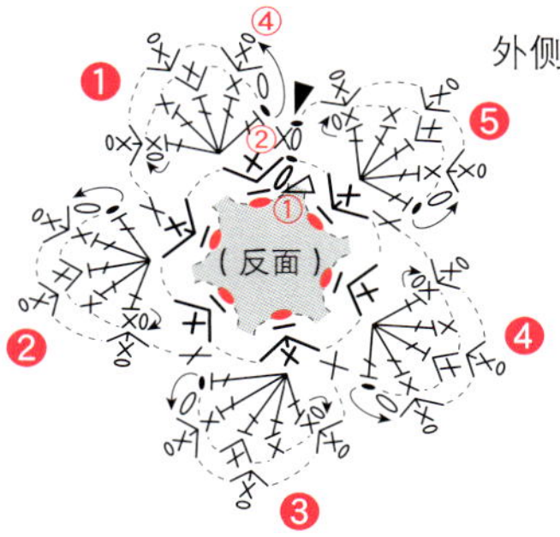

※与内侧花瓣钩织要领相同

叶子 989 1片

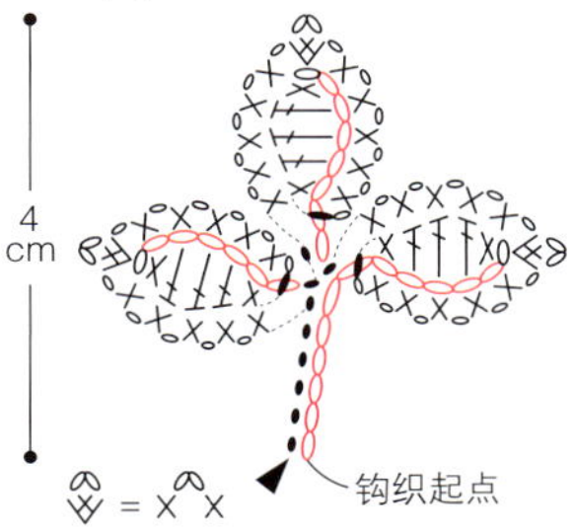

= X^X

连接方法

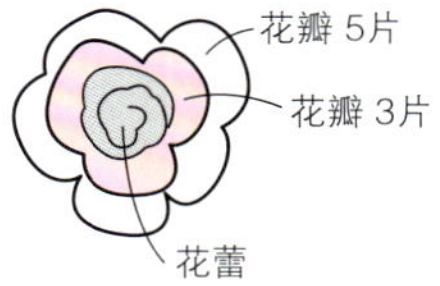

从花萼上挑针完成花瓣钩织的情形

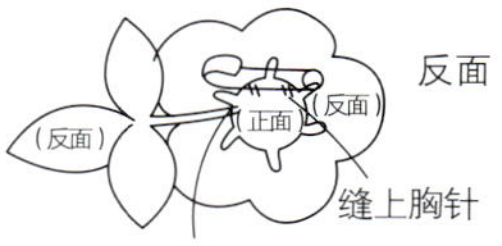

将叶子缝合在花萼上

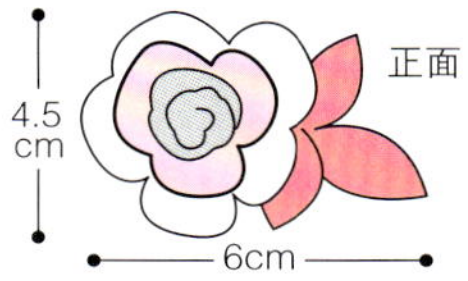

2 ✿ P.8

材料与工具

【线】DMC 25号刺绣线
绿色系（3363）、粉红色系（3350）各2束
粉红色系（3712）、茶色系（402）各1束

【针】蕾丝针0号

【其他材料】
胸针（9-11-8 银色）1个

【成品尺寸】参照图示

花（A、B、C）、花萼、叶子 ※与1的花朵、花萼、叶子的钩织方法相同

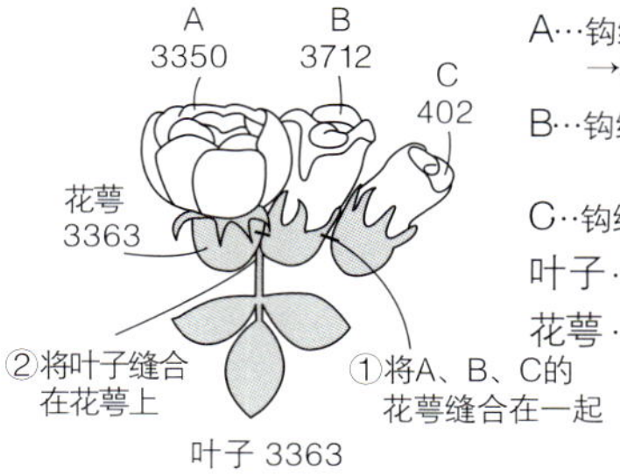

A…钩织花蕾、花萼→3片花瓣→5片花瓣

B…钩织花蕾、花萼→3片花瓣

C…钩织花蕾、花萼

叶子…钩织1片

花萼…钩织3片

缝合方法

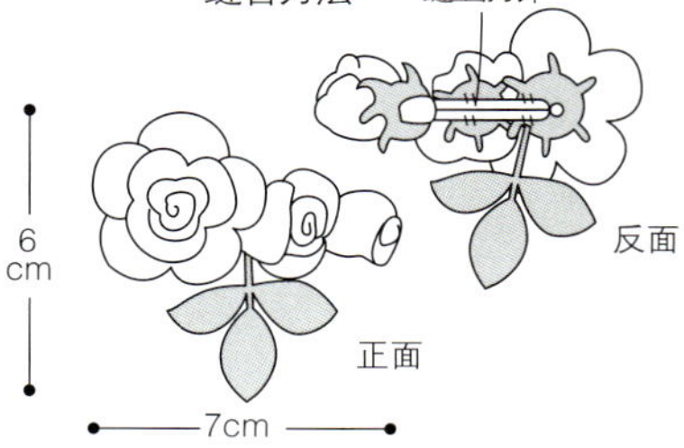

3 ✿ P.8

材料与工具

［线］DMC 25号刺绣线

绿色系（3052），橙色系（922），茶色系（3827）、（977）各1束

［针］蕾丝针0号

［其他材料］

橡皮筋（粗0.2cm）1个

［成品尺寸］参照图示

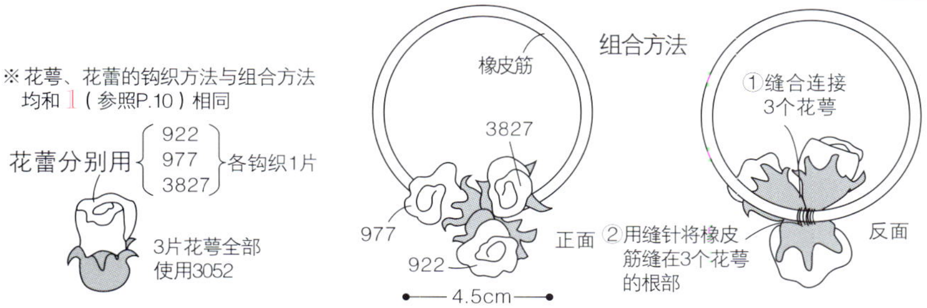

4 ✿ P.8

材料与工具

［线］DMC 25号刺绣线

驼色系（437）2.5束，红色系（815）2束，绿色系（3052）0.5束

［针］蕾丝针0号

［其他材料］

橡皮筋（外径5.5cm/粗0.4cm）1个

［成品尺寸］参照图示

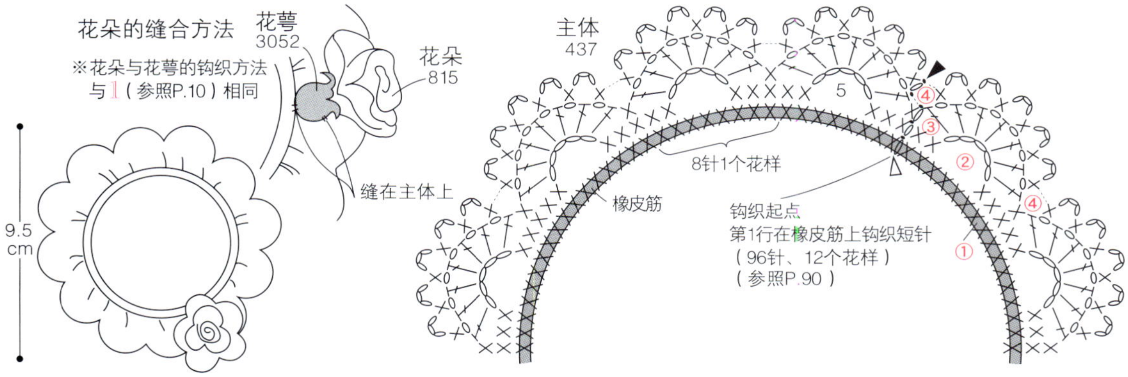

5 ✿ P.9

材料与工具

［线］DMC 25号刺绣线

粉红色系（3687）1.5束，粉红色系（223）、（760）1束，砖红色系（356）1束，绿色系（3346）0.5束

［针］蕾丝针0号

［其他材料］

发卡（9-19-4银色）1个

［成品尺寸］参照图示

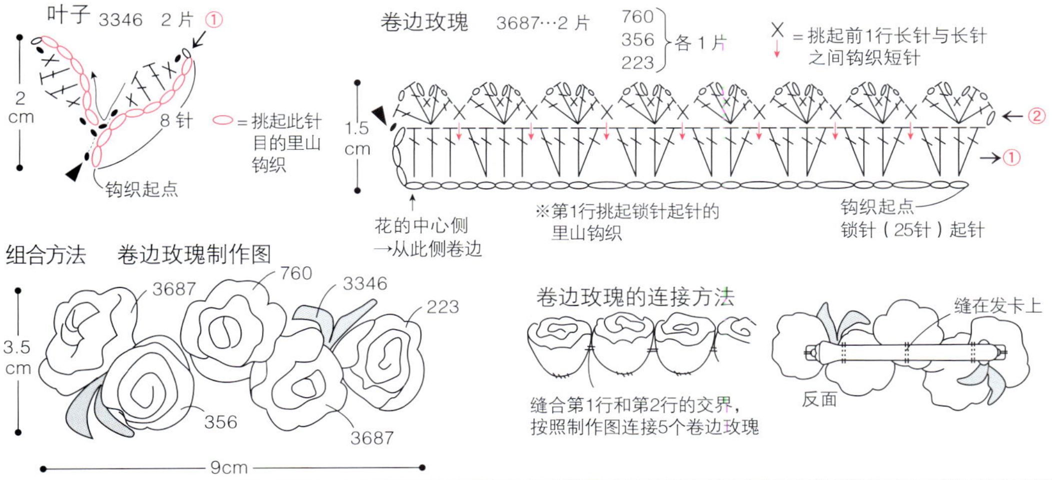

6 ✿ P.9

材料与工具

［线］DMC 25号刺绣线

粉红色系（150）、（309）、（3350）1束，红色系（347）1束，绿色系（988）0.5束

［针］蕾丝针0号

［其他材料］

胸针（9-11-8银色）1个，花用铁丝26号 约25cm

［成品尺寸］参照图示

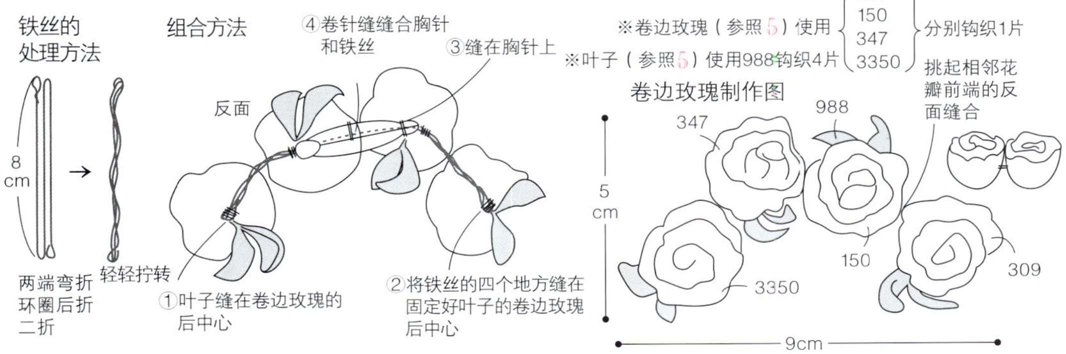

✿ 胸针

How to knit …… P.14　Point Lesson …… P.4
Design & Knitting …… 松本薰

精美的玫瑰胸针。
试着用不同的材料呈现出不同的风情。

9

10

11

作品 9 装扮简素的篮子。

作品 10 点缀红酒酒瓶，彰显礼品内涵。

9、10、11 ✿ P.12 Point Lesson · P.4

材料与工具

9

【线】和麻纳卡 Wash Cotton〈Crochet〉粉红色（115）4g、绿色（108）3g、白色（101）2g、深绿色（126）1g

【针】钩针2/0号

【其他材料】填充棉 少许

设计花朵用（28号）长约12cm 5条

丝带0.4cm×20cm 2条

胸针2.5cm×0.5cm 1个

10

【线】和麻纳卡 Eco Andaria〈Raffie〉红色（607）8g、Brillian 绿色（16）2g

【针】钩针4/0号

【其他材料】胸针2.5cm×0.5cm 1个

11

【线】和麻纳卡Wash Cotton〈Crochet〉绿色（108）6g，淡粉红色（113）、紫红色（122）各3g

【针】钩针2/0号

【其他材料】胸针2.5cm×0.5cm 1个

【成品尺寸】参照图示

制作方法

1 9、10、11/花萼

分别用指定线钩织相应片数。

2 9/钩织玫瑰花和花蕾

2 10/制作玫瑰花

在花萼上连续钩织花瓣，并将花蕾缝于其中。

2 11/钩织花蕾

使用深、浅2色共钩织6个。

3 9/钩织茎、枝叶、小花束

在玫瑰花和花蕾上钩织茎。钩织叶子和小花缝在枝上。

3 10/钩织叶子

3 11/钩织茎

环绕穿到花萼处的铁丝钩织短针。

4 9、10、11/完成

按照图示合体，将胸针缝于背面。

花萼（9、10、11）

9 绿色3片 10 绿色1片 11 绿色6片

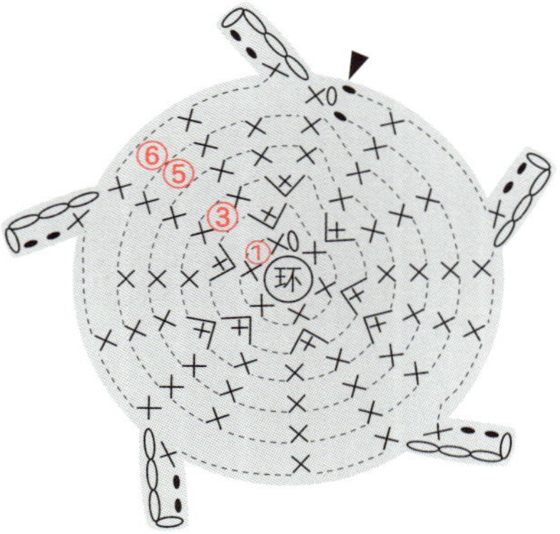

※花萼和花蕾下的②~⑤钩织的锁针不需立织

花蕾（9、10、11）

9 粉红色 3个 10 红色 1个 11 紫红色、淡粉红色 各3个

花蕾下

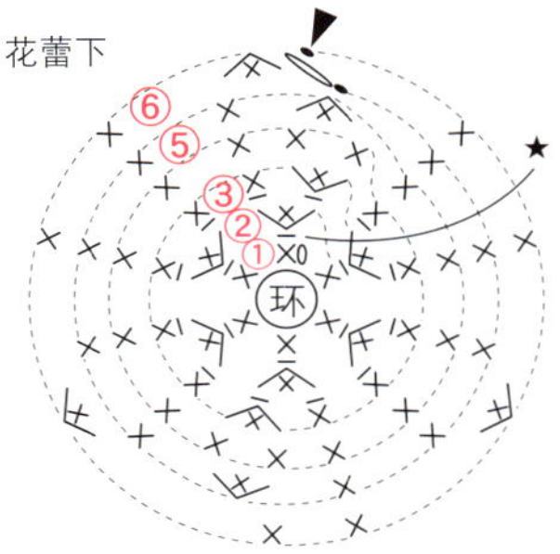

花蕾上

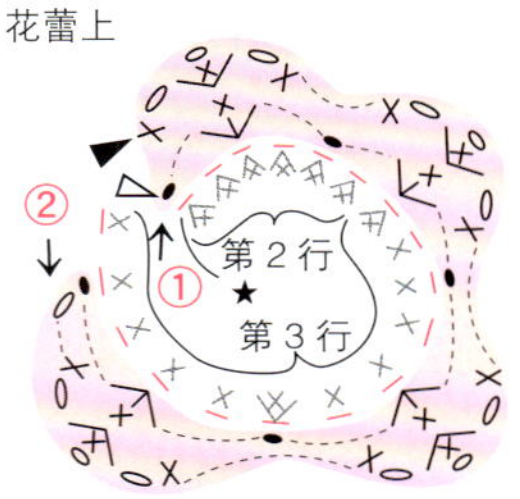

※挑起花蕾下的第1、2行余下的条纹状横线（半针），钩织花蕾的上面（参照P.4）

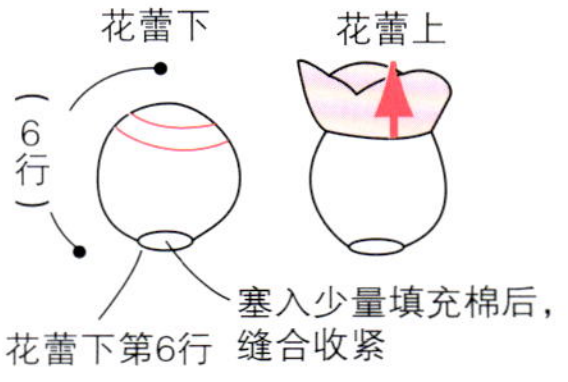

花蕾上由 ⌒ 处挑织

= 在前一行短针的对侧半针上钩织

— = 花蕾下的第1、2行上面余下的半针

= 花蕾下的第2、3行

玫瑰花瓣（9、10）9 粉红色 10 红色 ※花萼上钩织花瓣（参照 P.4）

外侧

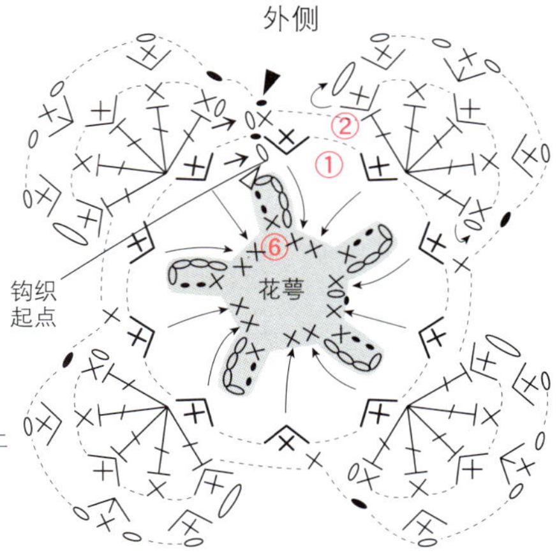

第1行 是在花萼第6行短针的外侧半针上钩织

内侧

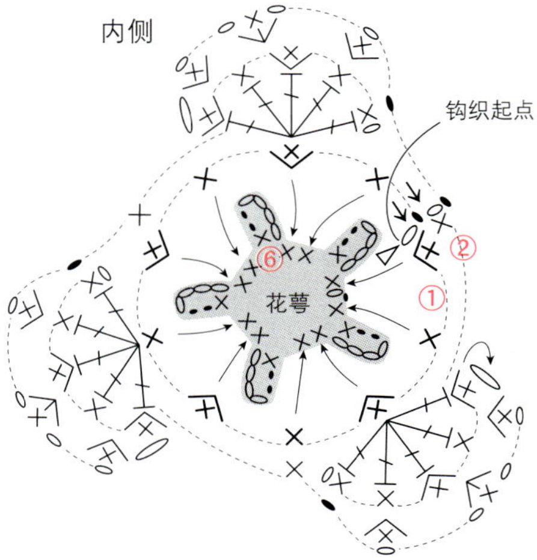

第1行 是在花萼第6行内侧半针上钩织

玫瑰花

9、10 各1个

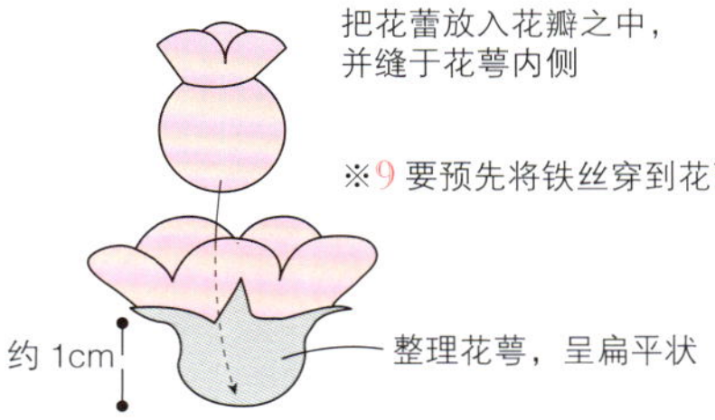

茎的制作方法（9、11）

※9、11 的花蕾和 9 的玫瑰花与茎连接

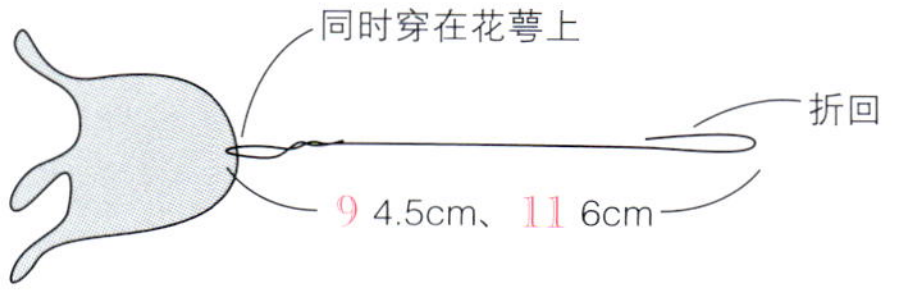

茎（9、11） 绿色

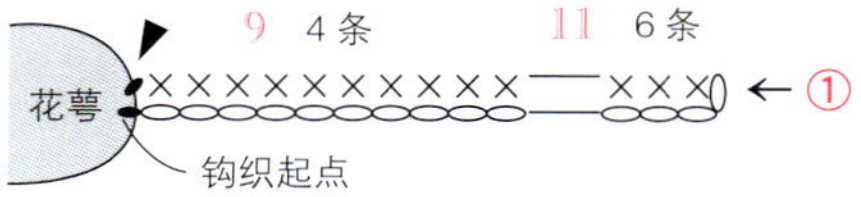

9 锁针6cm（20针）起针

11 锁针4.5cm（15针）起针

※环绕铁丝钩织短针

带花蕾的枝的制作方法（9、11）

按照❶~❹的顺序组合

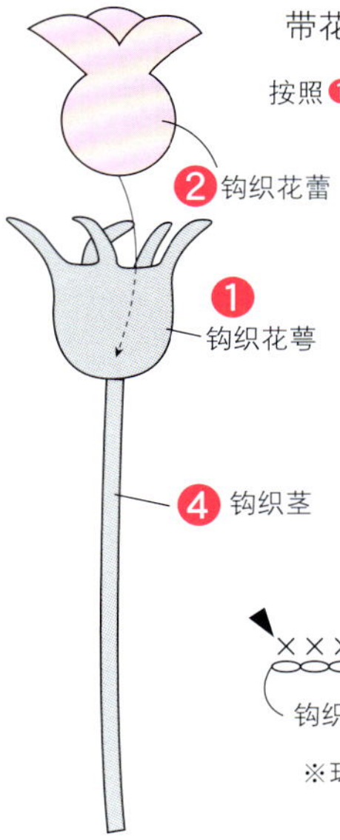

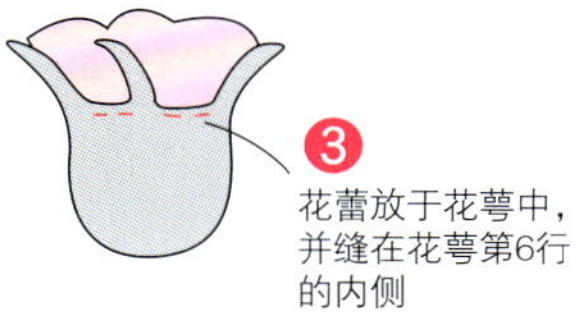

枝（9）绿色 2条

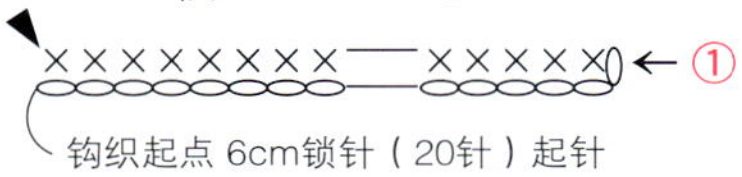

钩织起点 6cm锁针（20针）起针

※环绕铁丝钩织短针

茎和叶子（9）

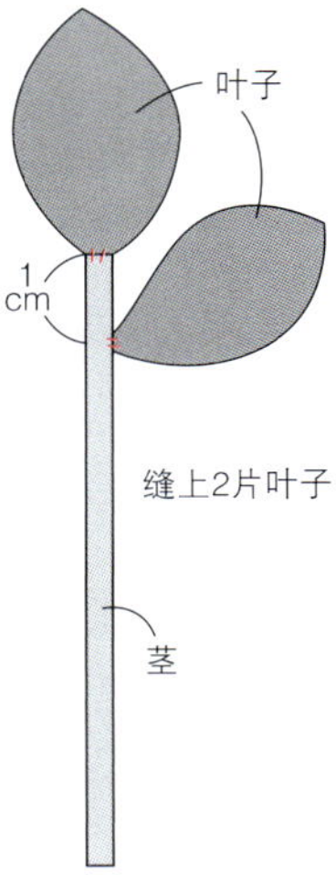

小花束（9）

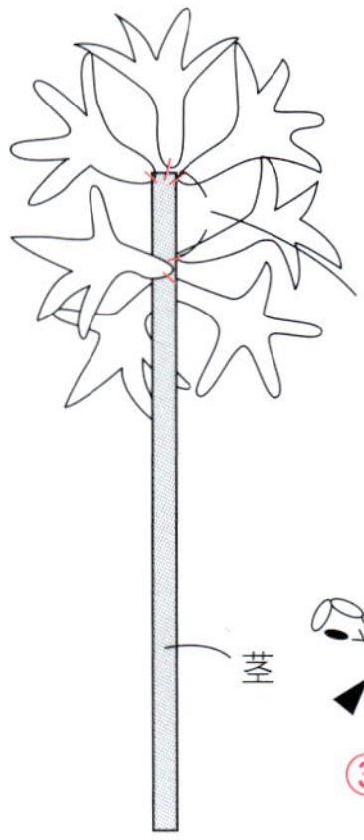

小花

小花（9）白色 7片

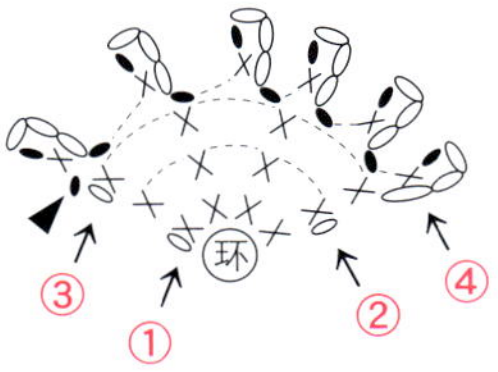

叶子（9、10）

9 深绿色 2片

10 绿色 1片

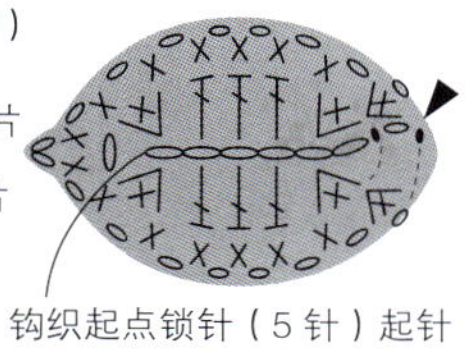

胸针 9

1 钩织花萼

2 钩织玫瑰花和花蕾

3 钩织茎、茎和叶子、小花束

4 完成

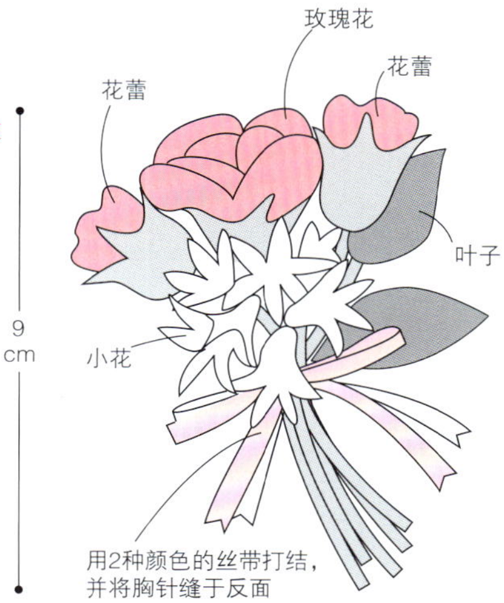

胸针 10

1 钩织花萼

2 钩织玫瑰花

3 钩织叶子

4 完成

胸针 11

1 钩织花萼

2 钩织花蕾

3 钩织茎

4 完成

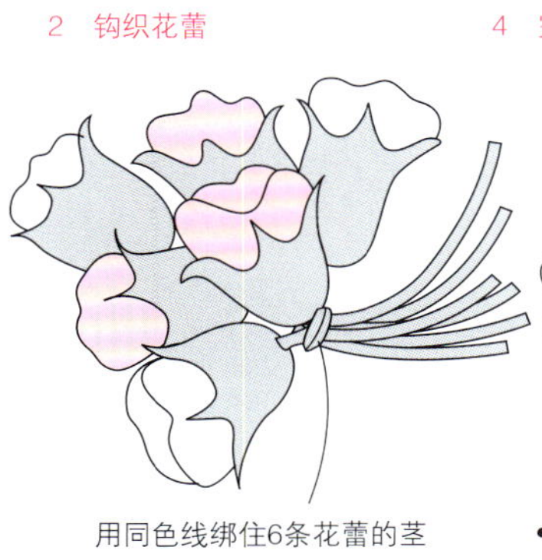

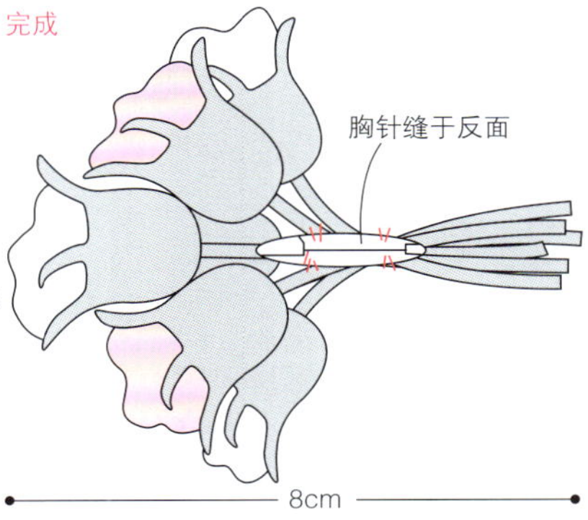

迷你玫瑰的胸针

How to knit 12、16 ··· P.18 13 ··· P.39 14、15 ··· P.19
Design & Knitting ··· 今村曜子

簇拥的迷你玫瑰，是少女的最爱。
玫瑰情愫馨香满怀……

佩戴之后，会让你倍加可爱，穿衣品位也会得到明显的提升。

12 ✿ P.16

材料与工具

［线］藤久Wister Corupopo 婴儿粉色（46）、珊瑚粉色（47）、黄绿色（51）各1g

［针］钩针2/0号

［其他材料］胸针（9–11–1 烟熏色）1个，花用铁丝（22号）约25cm

［成品尺寸］参照图示

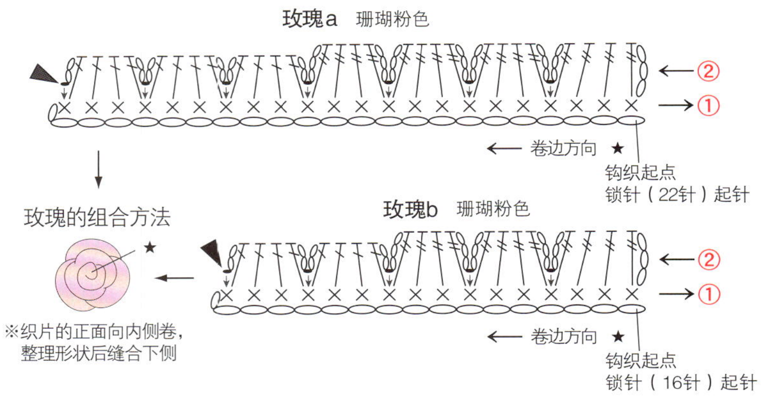

所需花片

玫瑰a…1片
玫瑰b…2片
叶子…5片
花萼…2片
花蕾…2片
主体…1片

玫瑰a的组合方法

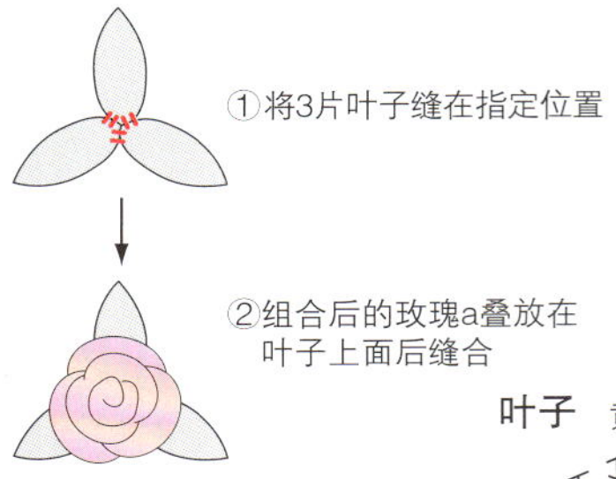

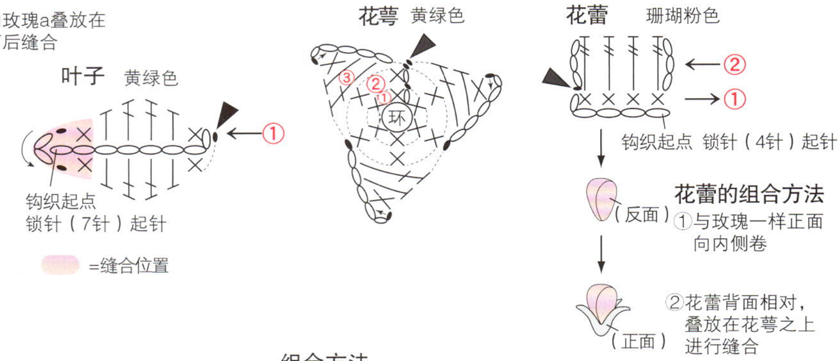

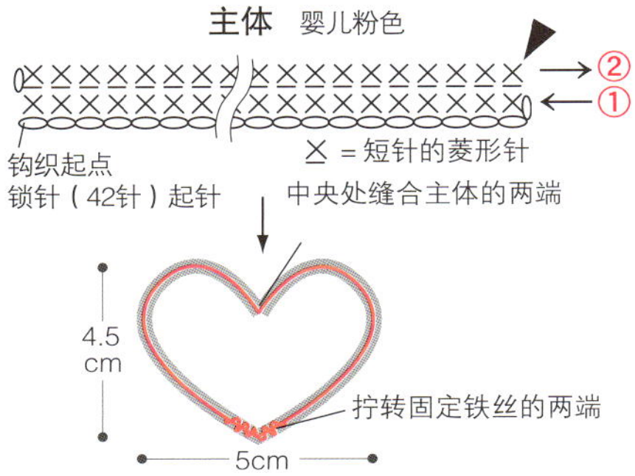

主体的组合方法

①铁丝拧成心形

②主体背面相对缠绕在铁丝上，以卷针缝缝合起针的半针和第2行短针的上侧半针

组合方法

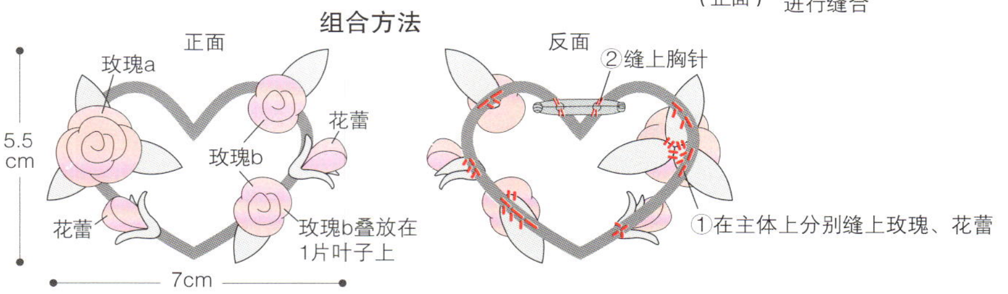

16 ✿ P.17

材料与工具

［线］Olympus Cotton Cuore 原色（13）、黄绿色（4）各6g

［针］钩针2/0号

［其他材料］胸针（9–11–2烟熏色）1个

［成品尺寸］参照图示

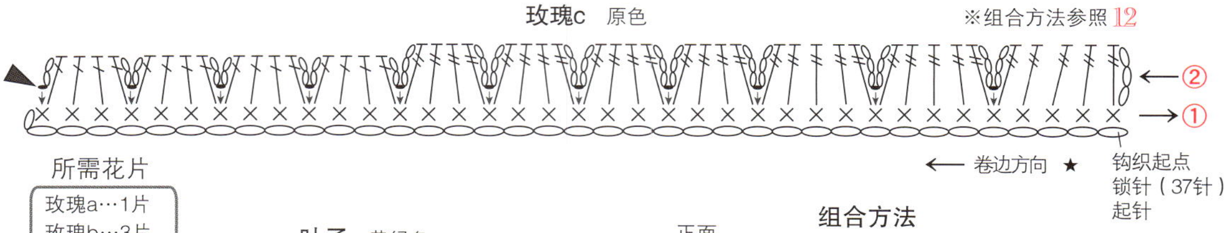

所需花片

玫瑰a…1片
玫瑰b…3片
玫瑰c…2片
叶子…5片
底座…2片

玫瑰a、b 原色

玫瑰a、b的钩织方法，组合方法参照12

底座 黄绿色

底座的钩织方法参照P.39。一直钩到第7行

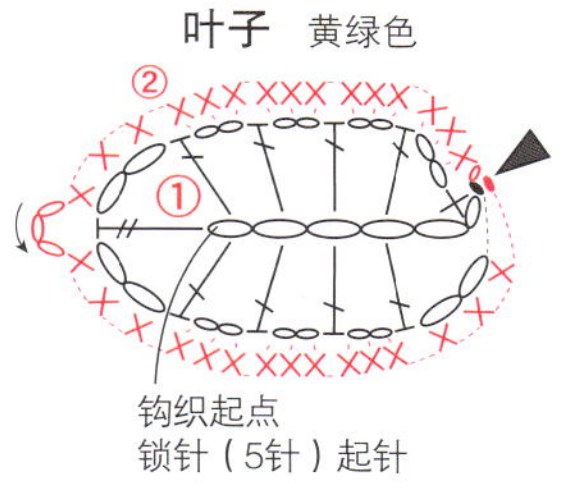

组合方法

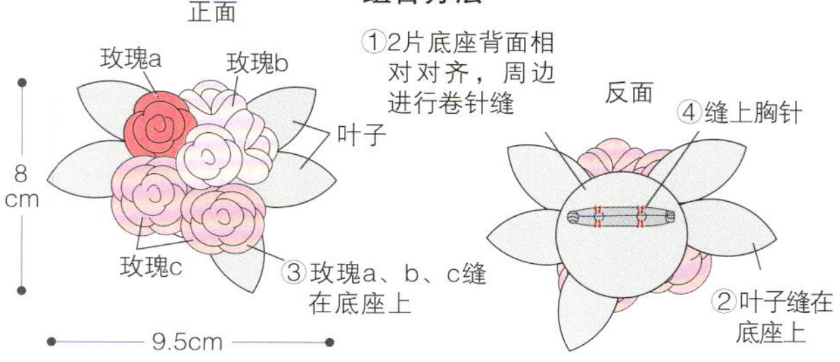

14 ✿ P.16

材料与工具

［线］和麻纳卡 KORPOKKUR 绿色（12）7g、红色（7）5g
［针］钩针4/0号
［其他材料］胸针（9-11-1 烟熏色）1个
［成品尺寸］参照图示

所需花片

玫瑰…3片
花蕾…5片
叶子…6片
花萼…5片
茎，a、b…各1条
底座…2片

花蕾 红色

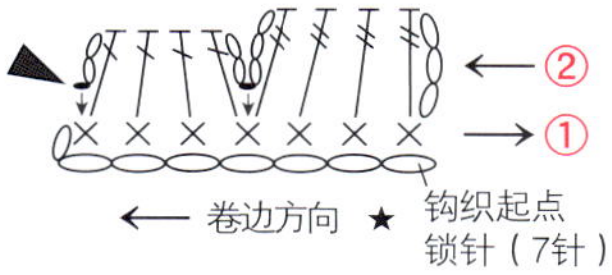

茎（罗纹绳） 绿色

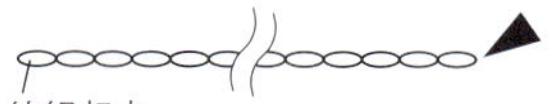

※罗纹绳的钩织方法参照P.95

玫瑰 红色

玫瑰的钩织方法、组合方法参照12（P.18）的玫瑰a

叶子 绿色

叶子的钩织方法参照12（P.18）

花萼 绿色

花萼的钩织方法参照12（P.18）

花蕾的组合方法

花蕾的组合方法参照12（P.18）

底座 绿色 2片

底座的钩织方法参照P.39，钩织到第6行

组合方法

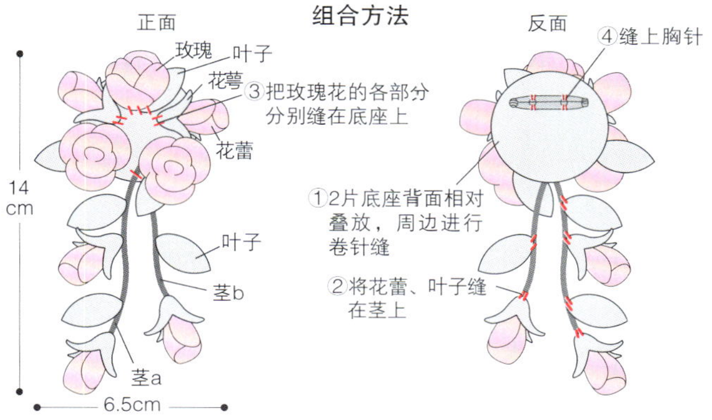

15 ✿ P.17

材料与工具

［线］Olympus Cotton Cuore 粉红色（14）4g，焦茶色（10）3g，Emmy Grande（colors）原色（804）3g
［针］钩针2/0号
［其他材料］胸针（9-11-1 烟熏色）1个
［成品尺寸］参照图示

所需花片

玫瑰…5片
底座…1片

玫瑰 粉红色

玫瑰的钩织方法、组合方法参照13（P.39）的玫瑰

※一直钩织到第2行。第3行的引拔针不做钩织

组合方法

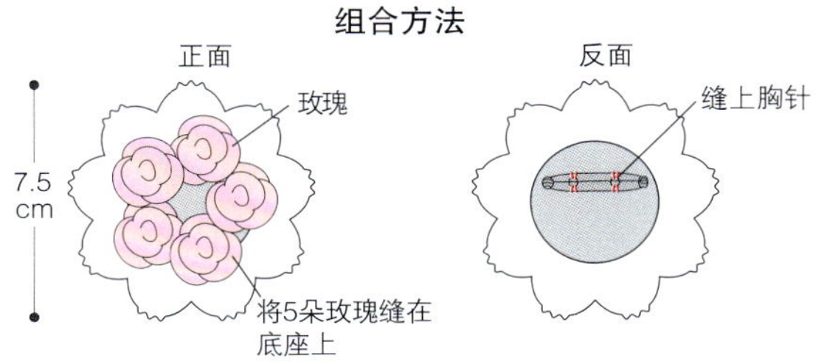

底座

= 长针2针的枣形针
—— = 焦茶色
—— = 原色

底座的钩织方法

①钩织2片织片，焦茶色线织到第6行
②背面相对，2片织片的第6行对齐后成为内侧的半针两两进行卷针缝
③挑起正面第6行余下的手前侧半针，用原色线钩织3行边缘编织

59 ✿ P.68

材料与工具

［线］Olympus Emmy Grande 黄色（521）4g、黄绿色（243）2g，Emmy Grande（Herbs）奶白色（560）3g，Emmy Grande（Colors）橙色（555）2g、淡绿色（244）1g
［针］钩针0号
［其他材料］胸针（9-11-2 烟熏色）1个，花用铁丝（26号）约12cm 3条
［成品尺寸］参照图示

所需花片（钩织方法参照P.70）

内侧花瓣A…2片、B…1片
外侧花瓣A…2片、B…1片
茎…3条
叶子…1片

花瓣配色表

	行数	A	B
内侧花瓣	1～4	黄色	橙色
外侧花瓣	4、5	黄色	橙色
	1～3	奶白色	奶白色

※参照P.70（郁金香的组合方法）组合3朵花

组合方法

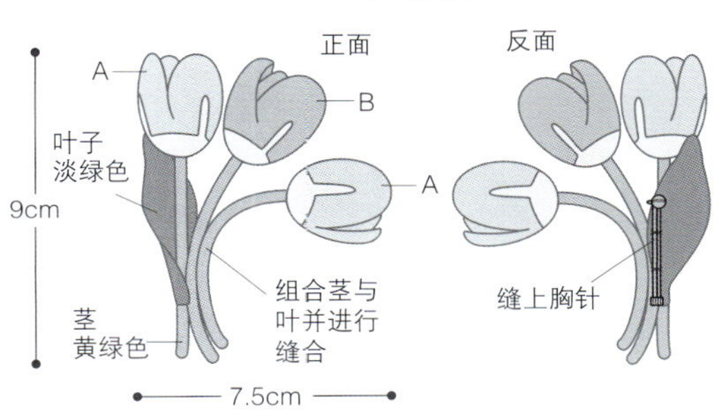

✿ 耳坠、项链

How to knit …… P.22
Design & Knitting …… 大桥 裕

漂亮的玫瑰项链由刺绣线钩织而成。
耳坠的选择佩戴随心而变。

17

18

19

点缀着许多小玫瑰的项链，主要用于搭配衣物。

17、18、19 ✿ P.20

材料与工具

17

［线］DMC 25号刺绣线 黄色（728）、淡黄色（3822）、深黄色（3852）、绿色（581）各1束

［针］钩针2/0号

［其他材料］耳钉金具（花洒形）1组

18

［线］DMC 25号刺绣线 深粉红色（326）、浅粉红色（761）、粉红色（3833）、深绿色（580）各1束，BABYLO 10号 绿色（3346）1g

［针］刺绣线用钩针2/0号、BABYLO 10号用蕾丝针2号

［其他材料］耳坠金具（鱼钩形）1组

19

［线］DMC 25号刺绣线 黄色（728）、淡黄色（3822）、深黄色（3852）、深粉红色（326）、浅粉红色（761）、粉红色（3833）、绿色（581）、深绿色（580）各1束，BABYLO 10号 绿色（3346）3g

［针］刺绣线用钩针2/0号、BABYLO 10号用蕾丝针2号

［成品尺寸］17、18 参照图示，19长约150cm

制作方法

1 17、18、19/钩织玫瑰花

大小玫瑰花均用2/0号钩针、刺绣线钩织。17 的小玫瑰花，18 的大玫瑰花，19的大、小两种玫瑰花分别用指定的颜色钩织相应的朵数。

2 17、18/完成

17 将小玫瑰花缝在耳坠金具上。18 在大玫瑰花的反面接线，用2号蕾丝针、BABYLO 10号线钩织带叶藤蔓，穿在鱼钩形金具上后，处理线端。

2 19/钩织带叶藤蔓

一边引拔针连接大、小玫瑰花，一边用2号蕾丝针、BABYLO 10号线钩织带叶藤蔓。

玫瑰花 小 （17、19）

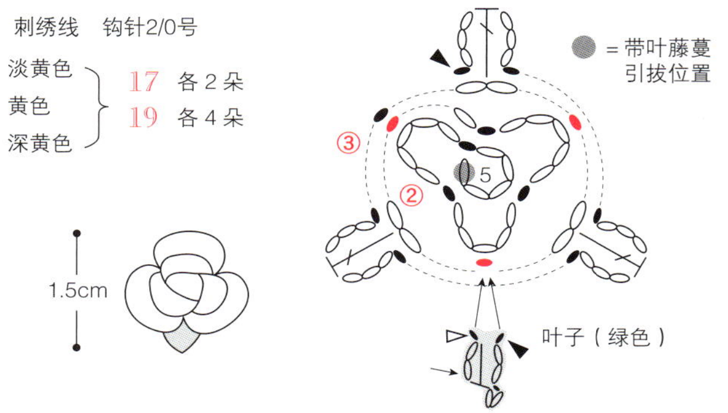

17 组合方法

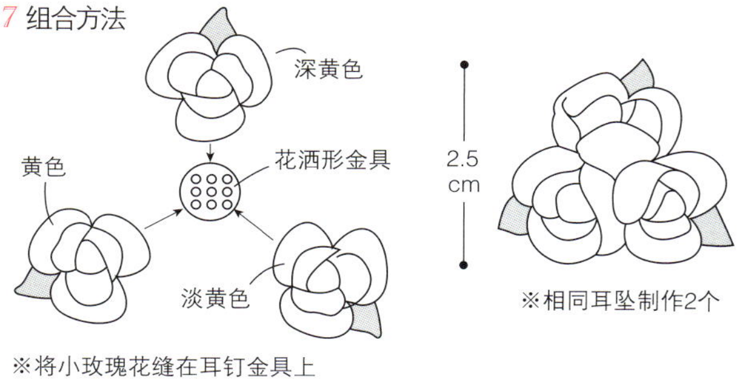

玫瑰花 大 （18、19）

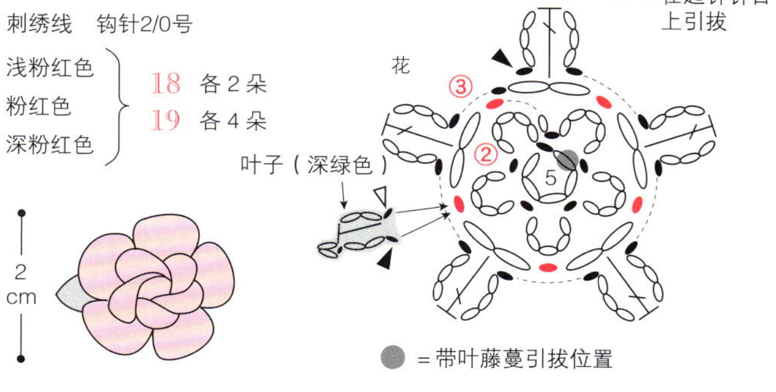

带叶藤蔓a、b、c（18） 各2个

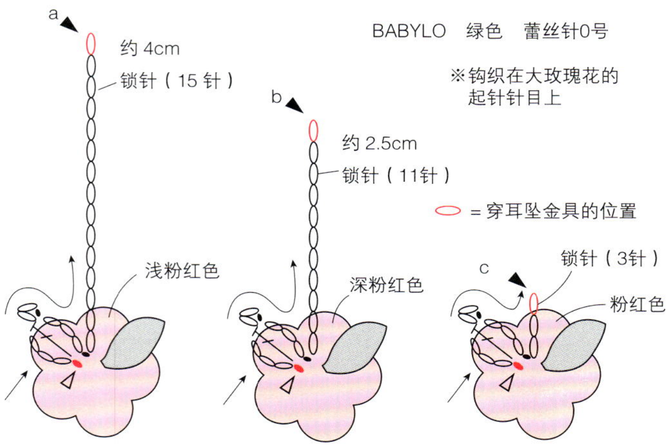

18 组合方法

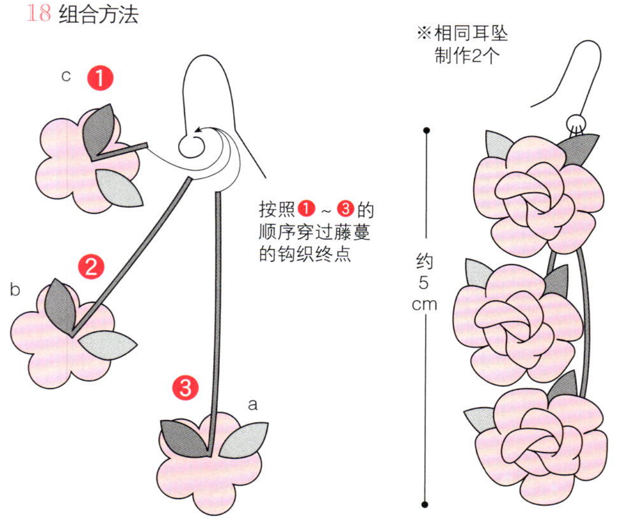

19 组合方法

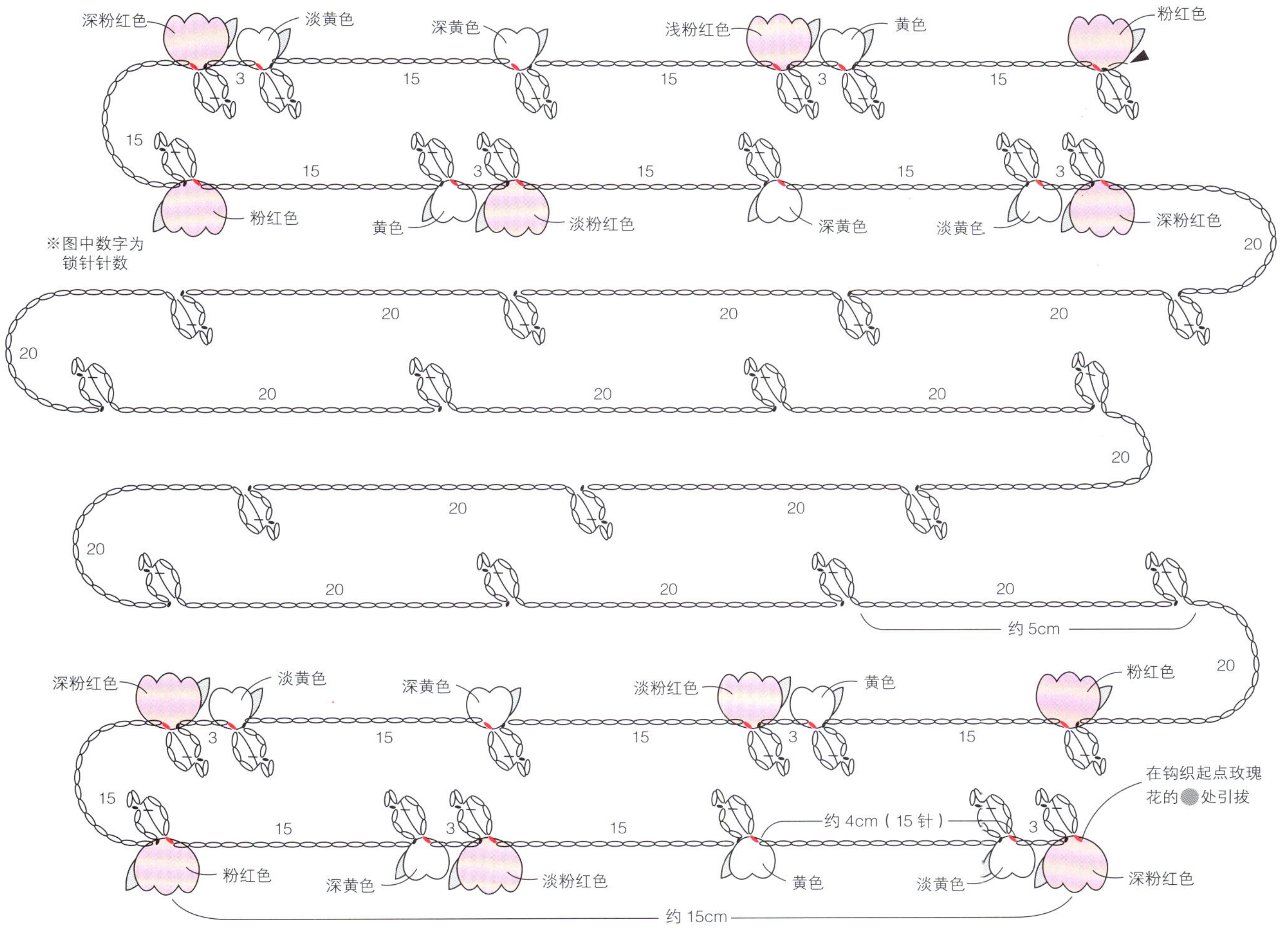

40 ✿ P.45

P.45

材料与工具

［线］和麻纳卡 Wash Cotton〈Crochet〉原色（101）、驼色（103）各2g，黄绿色（108）、灰粉色（113）各1g，Flax C〈Lame〉蓝色（509）1g

［针］钩针2/0号

［其他材料］胸针（9-11-1 烟熏色）1个，花用铁丝（31号）约50cm，大圆珠（黑色）1颗

［成品尺寸］参照图示

小鸟	原色
羽毛、嘴	灰粉色
叶子	黄绿色

各〔钩织方法参照39（P.47）〕

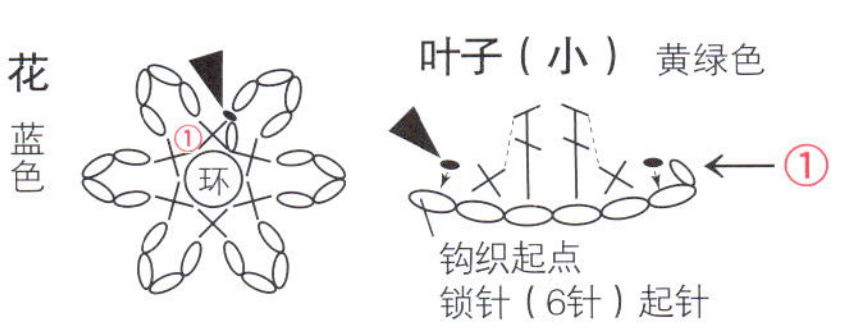

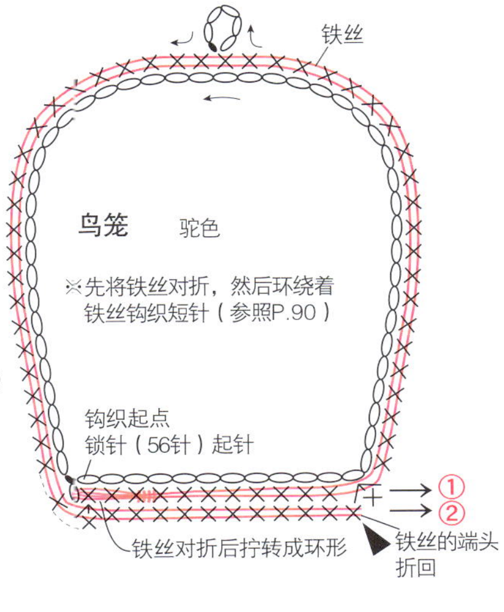

所需花片

小鸟、羽毛、叶子 各2片
叶子（小）…1片
花…3片
鸟笼…1片

组合方法

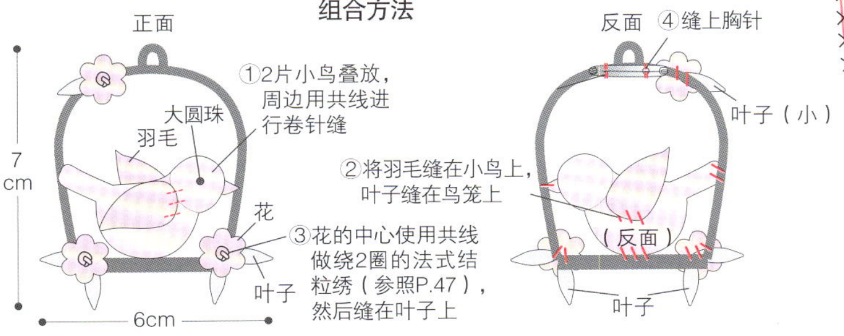

✿ 卷边玫瑰项链

How to knit ……P.26
Design & Knitting ……河合真弓

浪漫的粉色玫瑰与成品
蕾丝的精美组合。

20

✿ 4色玫瑰的胸针

How to knit — P.27
Design & Knitting — 镰田惠美子

海扇形织片上用刺绣线钩织的
浅色玫瑰簇拥在一起，浪漫美丽。

21

20 ✿ P.24

材料与工具

［线］Hobbyra Hobbyre 有机棉 粉红色系（08）、（09）各2g，棉丝线 绿色系（07)2g

［针］钩针2/0号

［其他材料］Hobbyra Hobbyre 宽8mm的蕾丝饰带 米黄色（456800）52cm（56个花样），直径8mm的纽扣 1颗

［成品尺寸］参照图示

制作方法

1 花朵部分先用粉红色线（09）锁针起针15针，然后换粉红色线（08）锁针起针20针。分别用与起针线相同的色线按照图示钩织1行。
2 由中心侧将步骤1卷边，整理形状后缝合固定在起针侧。
3 9针锁针起针，钩织叶子。
4 叶子缝在花的反面。如此，制作3组。
5 将蕾丝饰带的两端折二折后缝合固定。
6 蕾丝饰带的正面中心处缝上步骤4中组合的3组花、叶，注意位置搭配。

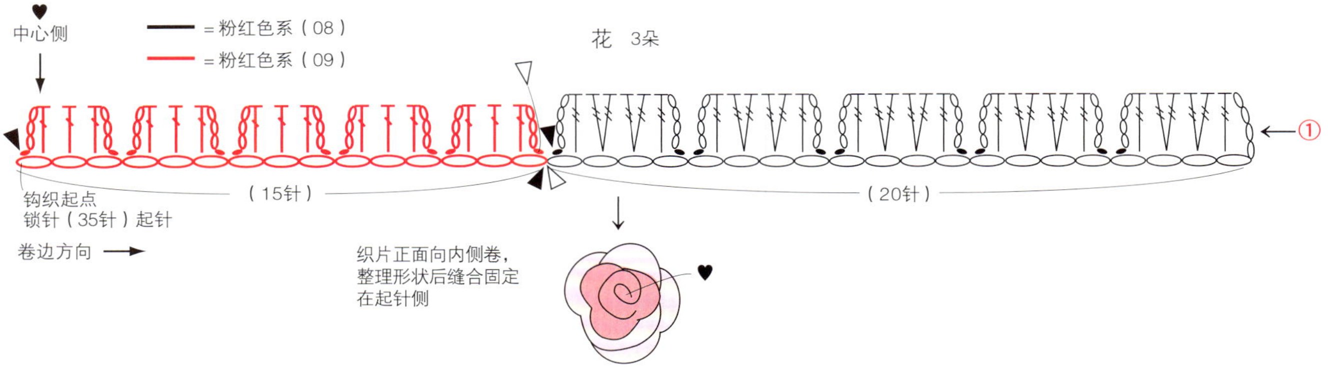

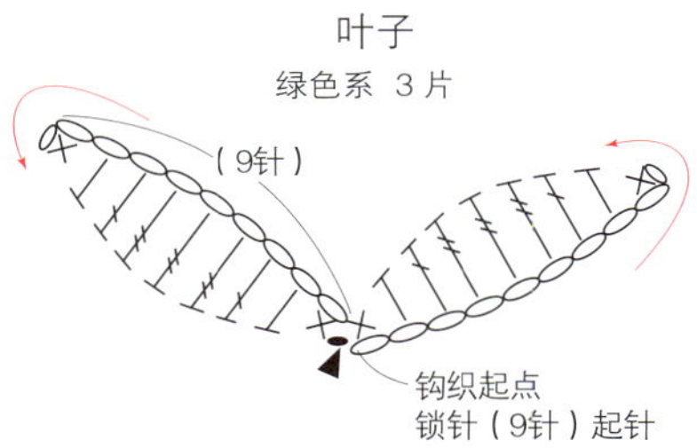

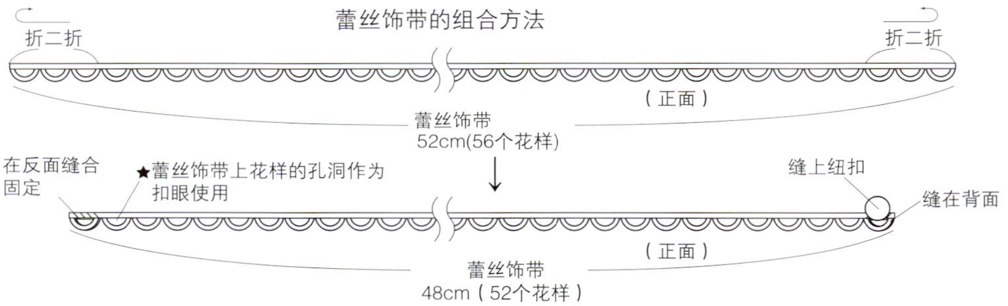

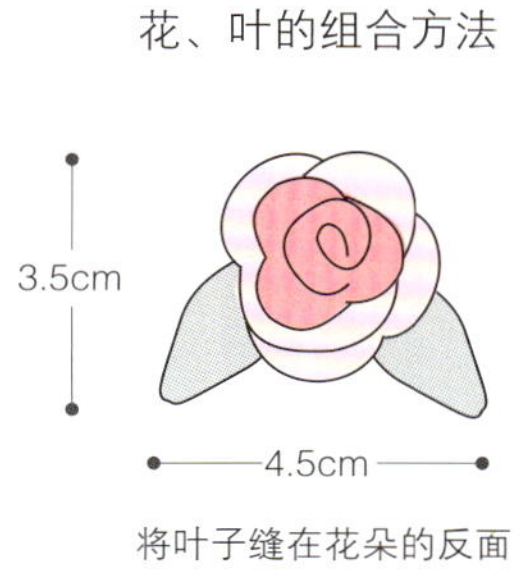

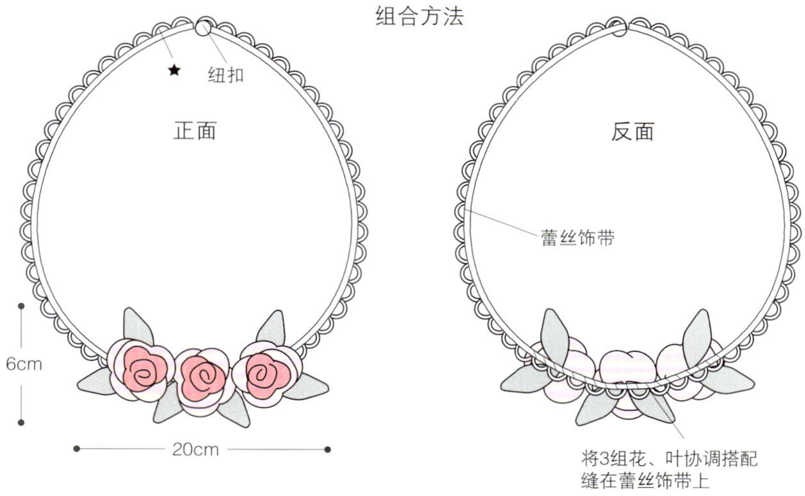

21 P.25

材料与工具

［线］DMC Cebelia 10号 白色（3865）8g，25号刺绣线 薰衣草色（211）、蓝色（800）、粉红色（818）、亮绿色（964）各1.3束

［针］蕾丝针0号

［其他材料］橡皮筋（直径5.5cm/宽0.4cm）1个

［成品尺寸］参照图示

制作方法

1 主体环绕着橡皮筋钩织150针短针，钩织5行。

2 玫瑰花锁针起针27针，钩织1行，由中心侧卷边，整理形状后缝合固定在起针侧。4种颜色钩织所需朵数。

3 将玫瑰协调搭配缝在主体第1行的短针上。

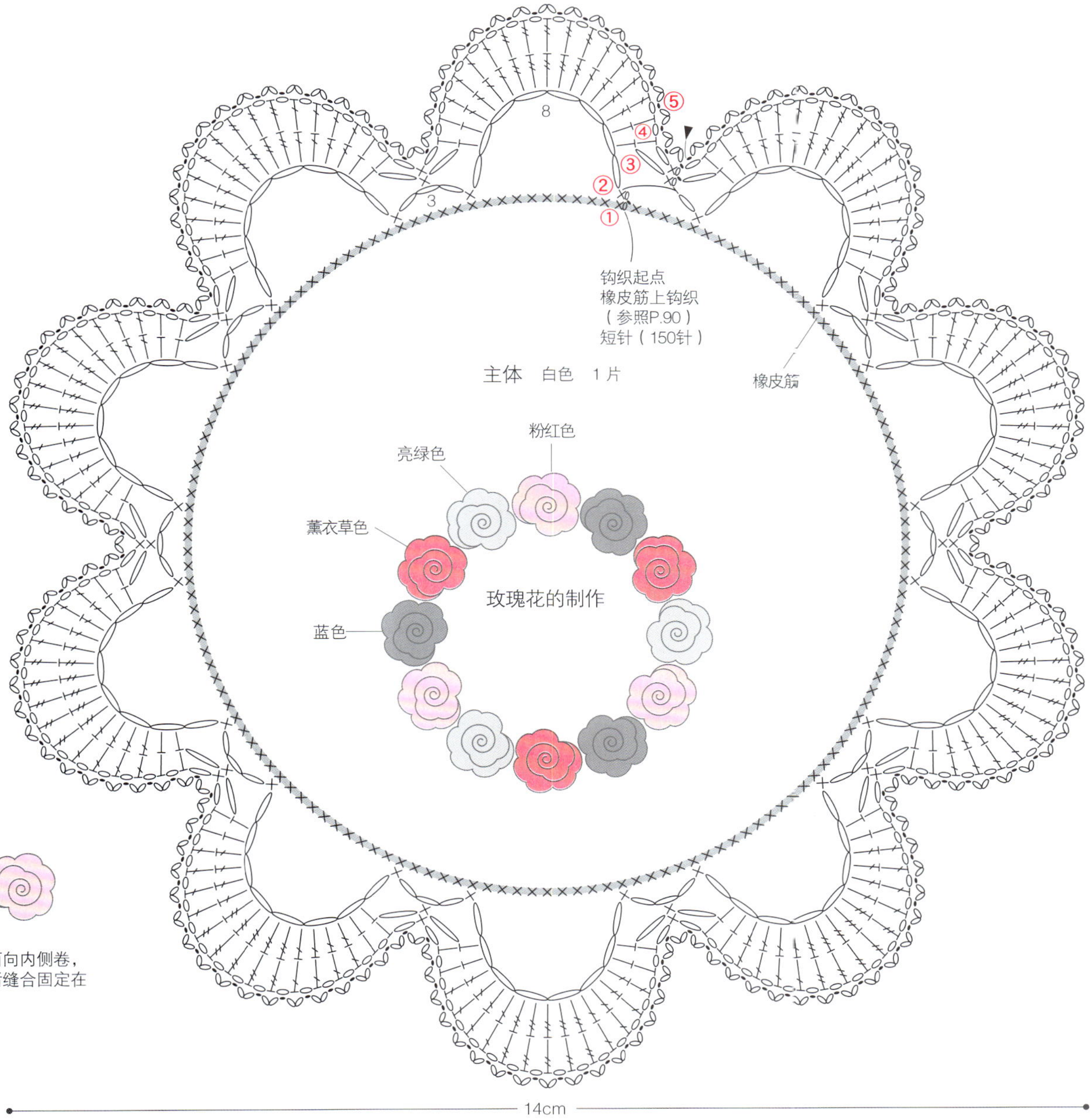

织片的正面向内侧卷，整理形状后缝合固定在起针侧

玫瑰

薰衣草色、蓝色、粉红色、亮绿色 各3朵

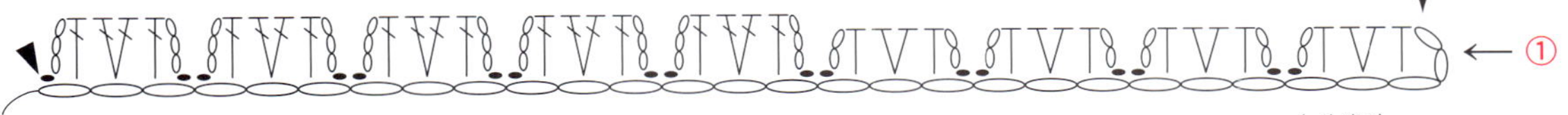

✿ 爱尔兰野玫瑰项链

How to knit P.30

Design & Knitting　风工房

野玫瑰和蝴蝶搭以丝带的组合专为女生倾心设计。

22

猩红色玫瑰发绳

How to knit …… P.31　Point Lesson …. P.5

Design & Knitting …… 松本薰

娇媚可爱的玫瑰，
搭配色彩素朴沉静的叶子。

23

22 ✿ P.28

材料与工具

［线］DMC Cebelia 20号 原色（ECRU）4g
［针］蕾丝针6号
［其他材料］宽7mm粗纹绸丝带（驼色）92cm
［成品尺寸］参照图示

制作方法

1 花朵花片环形起针，参照图示钩织5行。从第2片开始，钩织第5行时，要与前一片花片相连。一共钩织连接11片花片。
2 7针锁针起针，钩织蝴蝶身体。
3 8针锁针起针，环形钩织蝴蝶翅膀。
4 参照蝴蝶的组合方法，缝合蝴蝶身体与翅膀。
5 在第4片和第5片的花片间缝上步骤4中完成的蝴蝶。在花朵花片的指定位置穿过粗纹绸丝带。

花朵花片（花片相连）

花朵花片

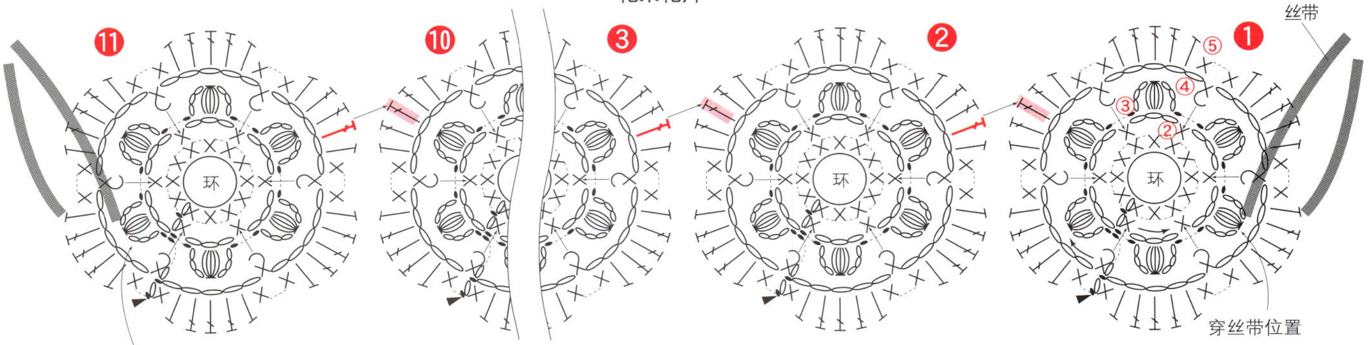

（第4行）=虽然符号图标示为短针的反拉针（ ），但实际上钩织的时候，由于是往返钩织，对着织片反面要织短针的正拉针（ ），参照P.9

（第5行）=钩织此处长针时，钩针先要抽离，然后插入前1片花片的长针（ ）针头处，拉出锁针进行连接

※按照❶~⓫的顺序进行连接

蝴蝶身体
1片

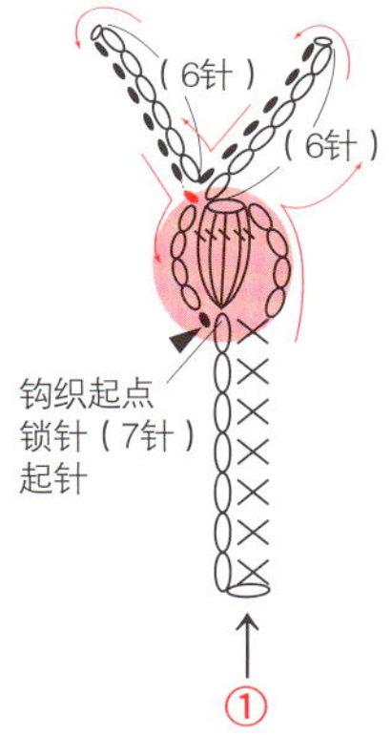

蝴蝶翅膀
1片

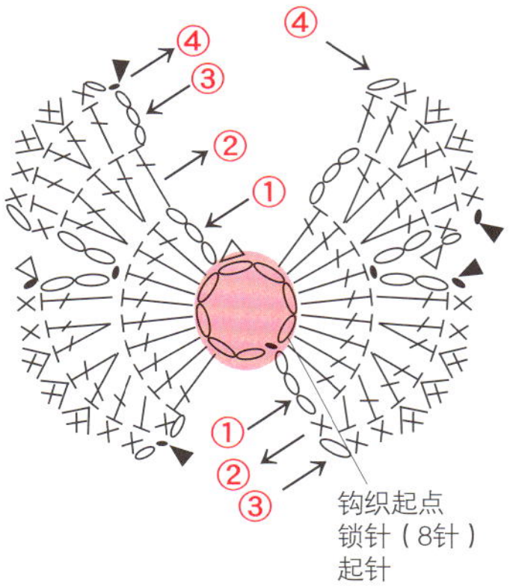

= 在爆米花针的针头处引拔

※ 缝合位置

蝴蝶的组合方法

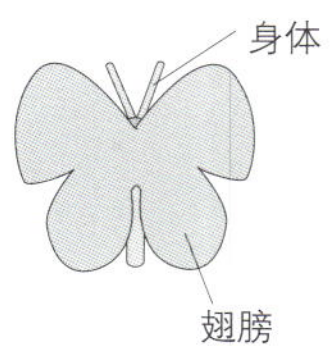

※翅膀叠放在蝴蝶身体上，对齐后缝合

组合方法

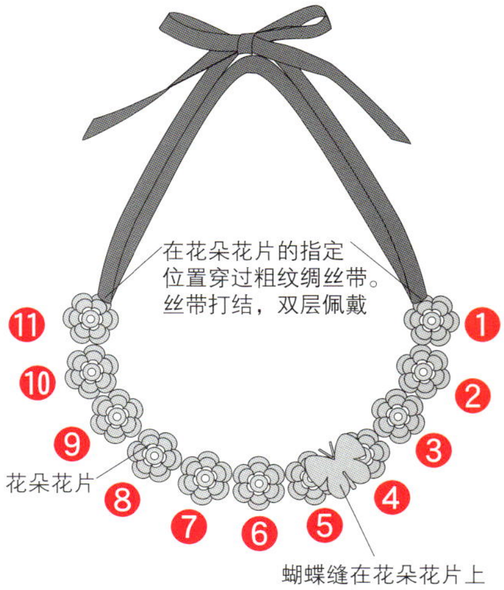

23 ✿ P.29 Point Lesson P.5

材料与工具

［线］和麻纳卡 Exceed wool FL〈粗〉红色（211）7g、深绿色（221）2g

［针］钩针4/0号

［其他材料］橡皮筋（直径5.5cm/宽0.4cm）1个

［成品尺寸］参照图示

制作方法

1 锁针起针22针钩织玫瑰，参照图示钩织4行。从第5行开始在第1行的短针上接线，固定在起针侧。一直钩织到第7行。从中心侧卷边，整理形状后缝合固定在起针侧。

2 6针锁针起针，钩织叶子。

3 叶子缝在玫瑰的反面，将橡皮筋卷针缝缝在玫瑰的中心处。

玫瑰 红色 1朵

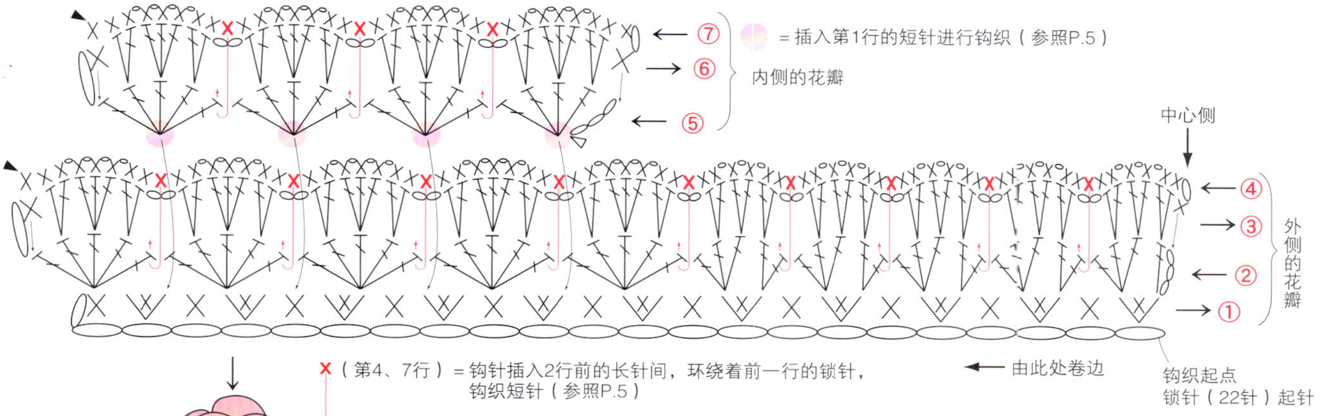

织片的正面向内侧卷，整理形状后缝合固定在起针侧

叶子 深绿色 3片

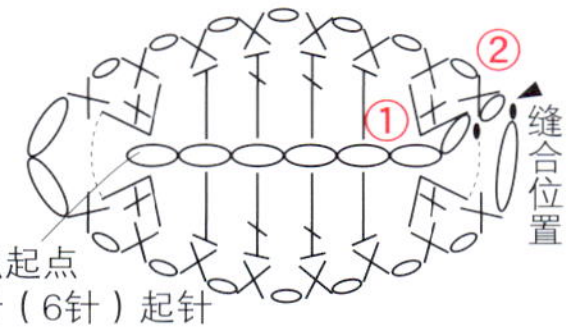

组合方法

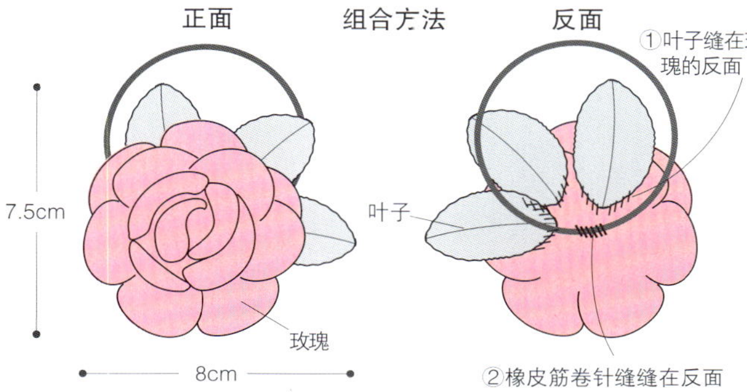

72 ✿ P.80 Point Lesson P.88

材料与工具

［线］Olympus Emmy Grande 原色（851）5g、苔绿色（288）4g、黄色（521）2g

［针］蕾丝针0号

［其他材料］胸针（9-1 1-2 烟熏色）1个，花用铁丝（30号）约12cm 5条，填充棉 少许

［成品尺寸］参照图示

所需花片

雏菊…3片
花蕾…1片
花萼（大）…4片
叶子b… 1片
茎… 4条
底座… 1片

茎 苔绿色

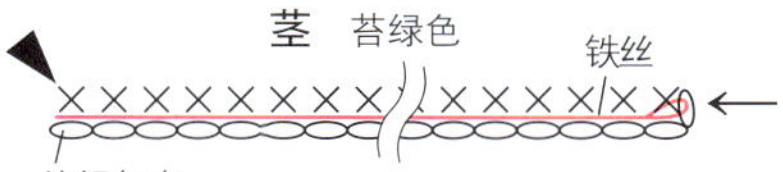

钩织起点
a（20针）起针
b（25针）起针
c（15针）起针
※只有a钩织2条

※钩织短针时要环绕着铁丝（参照P.90）
铁丝环的制作方法参照71（P.82）

花蕾 原色

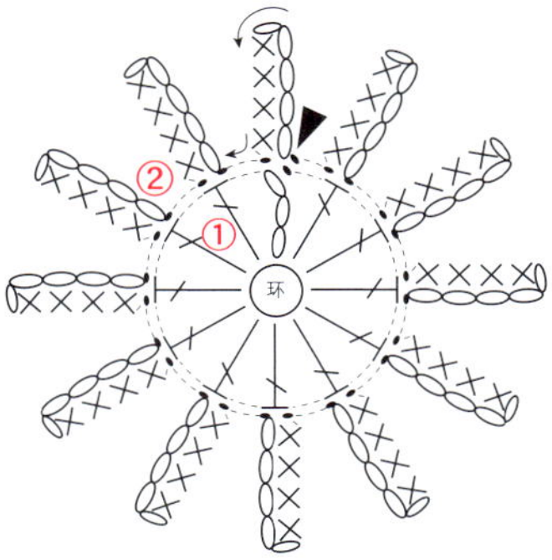

花蕾的组合方法

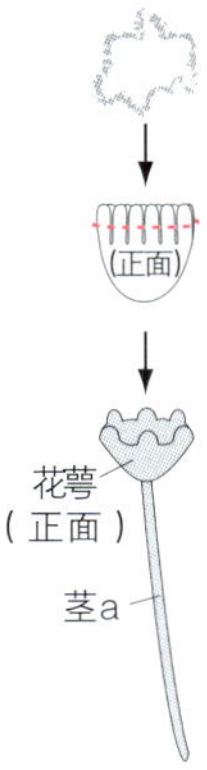

①内侧塞入填充棉，使花蕾变得圆鼓鼓的
②在花蕾第2行中间位置处缩缝
③茎a放入花萼的中心处缝合固定
④花蕾叠放在中心处后缝合固定

底座 苔绿色

底座的钩织方法参照P.39。一直钩织到第6行

雏菊
花萼（大） 苔绿色
叶子b 苔绿色

各钩织方法、组合方法参照70、71（P.82）
※雏菊的配色与70相同（P.82）

组合方法

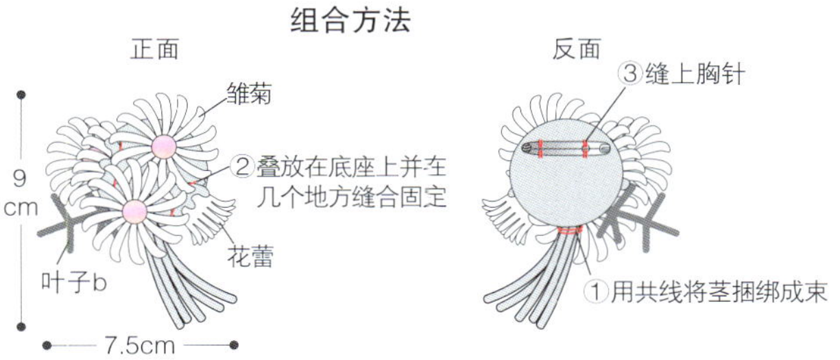

PART 2 萌哒哒的花片

圆润可爱的外形，生机盎然的色彩。水果、甜点、蘑菇、小鸟等，
魅力花片令人一见钟情，急欲亲手试做。请尝试一下萌哒哒的花片做成的饰品吧。

24

25

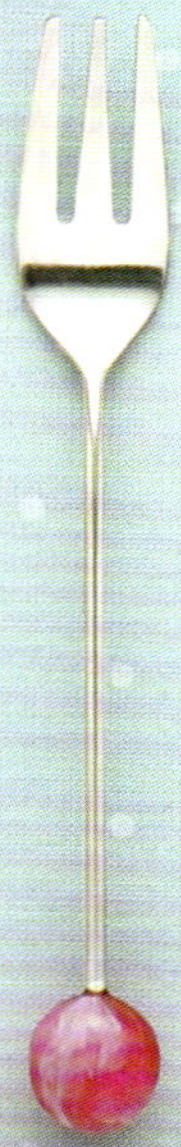

山莓发圈和发绳

How to knit — P.34
Design & Knitting — 今村曜子

萌哒哒的山莓有花又有叶。
狗牙针钩织的粗糙表面栩栩如生。

26

27

✿ 褶边发圈

How to knit 26 ···· P.35　27 ···· P.38

Design & Knitting ···· 远藤广美

甜美优雅的褶边是小女生的最爱。
双重的褶边
即使分开单独使用魅力依然不减。

24 ✿ P.32

材料与工具

｛线｝和麻纳卡 Wash Cotton〈Crochet〉黄绿色（107）、绿色（108）各5g，白色（101）、黄色(104）各1g，Flax C 红色（103）4g

｛针｝蕾丝针2号

｛其他材料｝橡皮筋（直径5.5cm／宽0.4cm）1个，填充棉 适量

｛成品尺寸｝参照图示

花 2片　—…白色　—…黄色

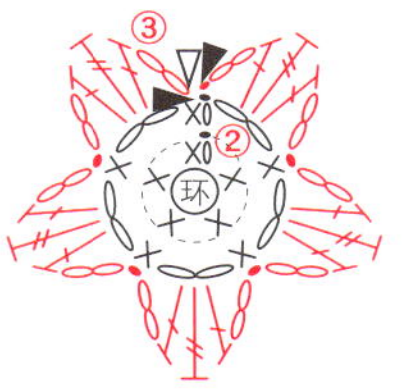

花萼 绿色 4片 ｛花用…2片 山莓果实用…2片

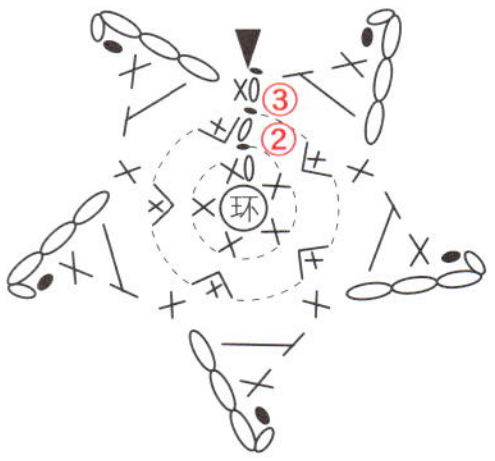

叶子 绿色 3片

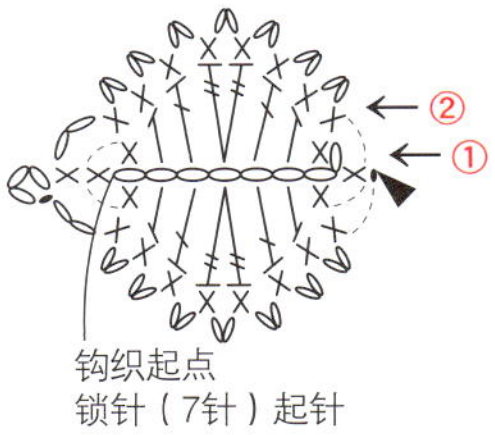

山莓果实 红色 2片

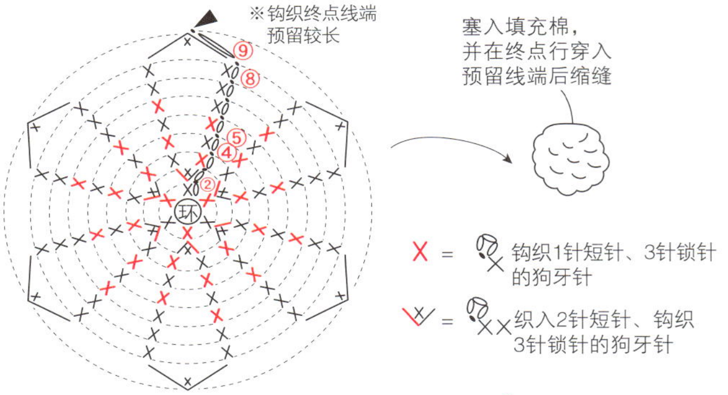

山莓的组合方法

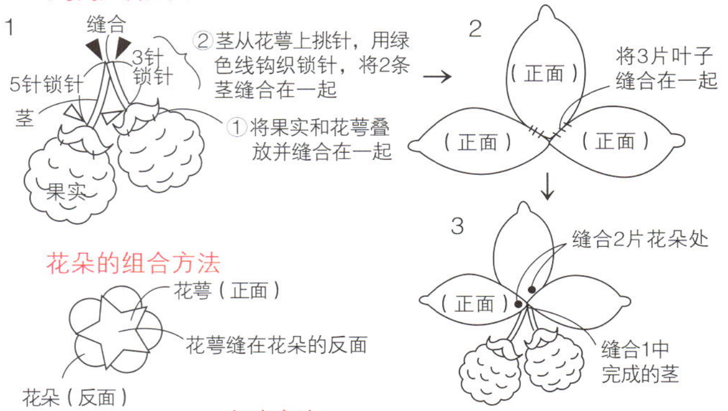

主体

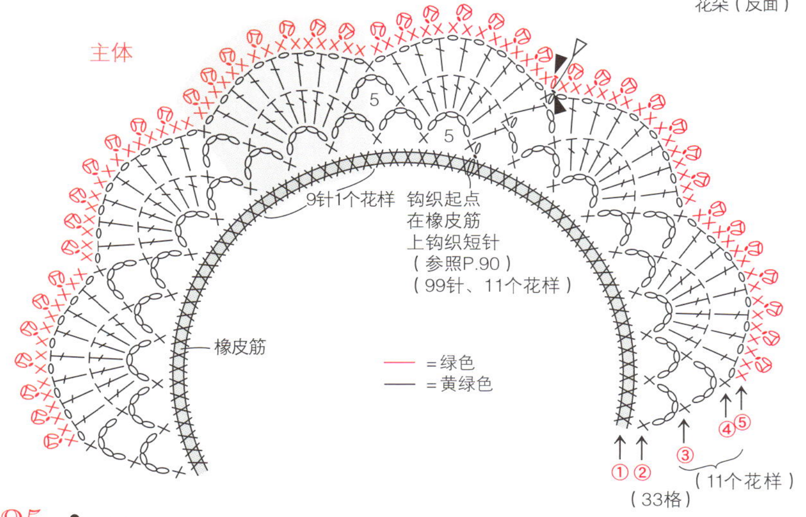

组合方法

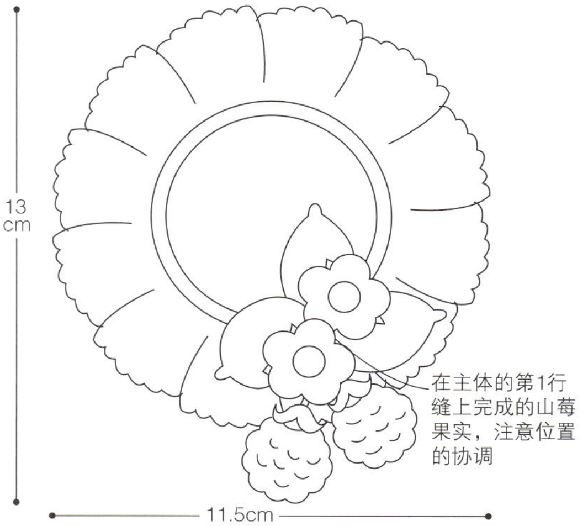

25 ✿ P.32

材料与工具

｛线｝和麻纳卡 Wash Cotton〈Crochet〉绿色（108）2g，白色（101）、黄色(104）各少许，Flax C 红色（103）2g

｛针｝蕾丝针2号

｛其他材料｝橡皮筋（直径5.5cm／宽0.4cm）1个，填充棉 适量

｛成品尺寸｝参照图示

花 1片
叶子 1片
花萼 2片
果实 1个

｝参照24的钩织图，以相同配色钩织指定片数

组合方法

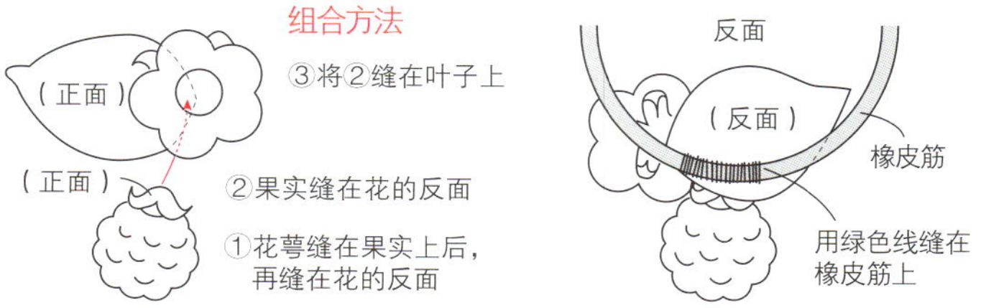

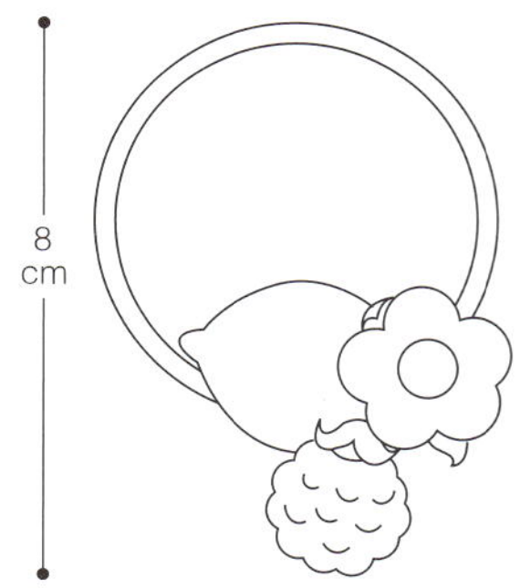

26 ✿ P.33

材料与工具

［线］Olympus Emmy Grande〈Herbs〉119（粉红色系）5 g、141（粉红色系）1g，Emmy Grande（Bijou）L160（粉红色系金色丝线）2g，Emmy Grande 111（粉红色系）1g

［针］蕾丝针0号

［其他材料］橡皮筋（直径5.5cm／宽0.4cm）1个

［成品尺寸］参照图示

花

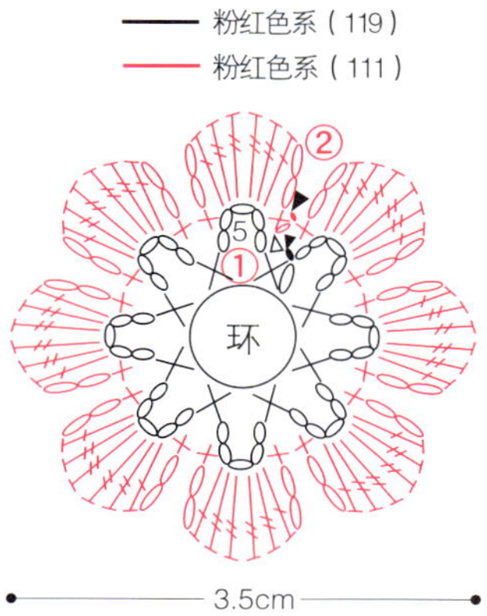

组合方法

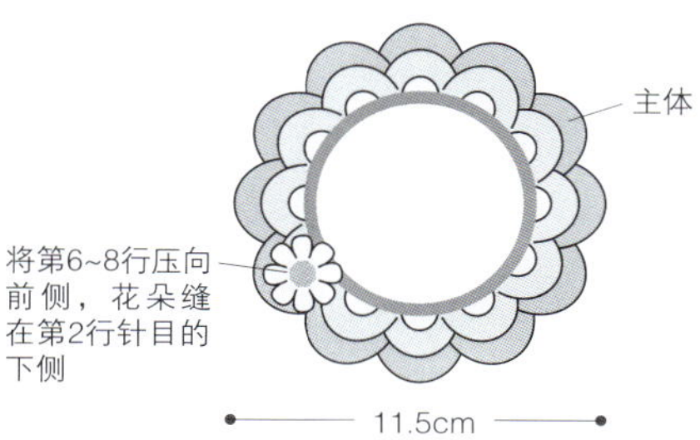

主体

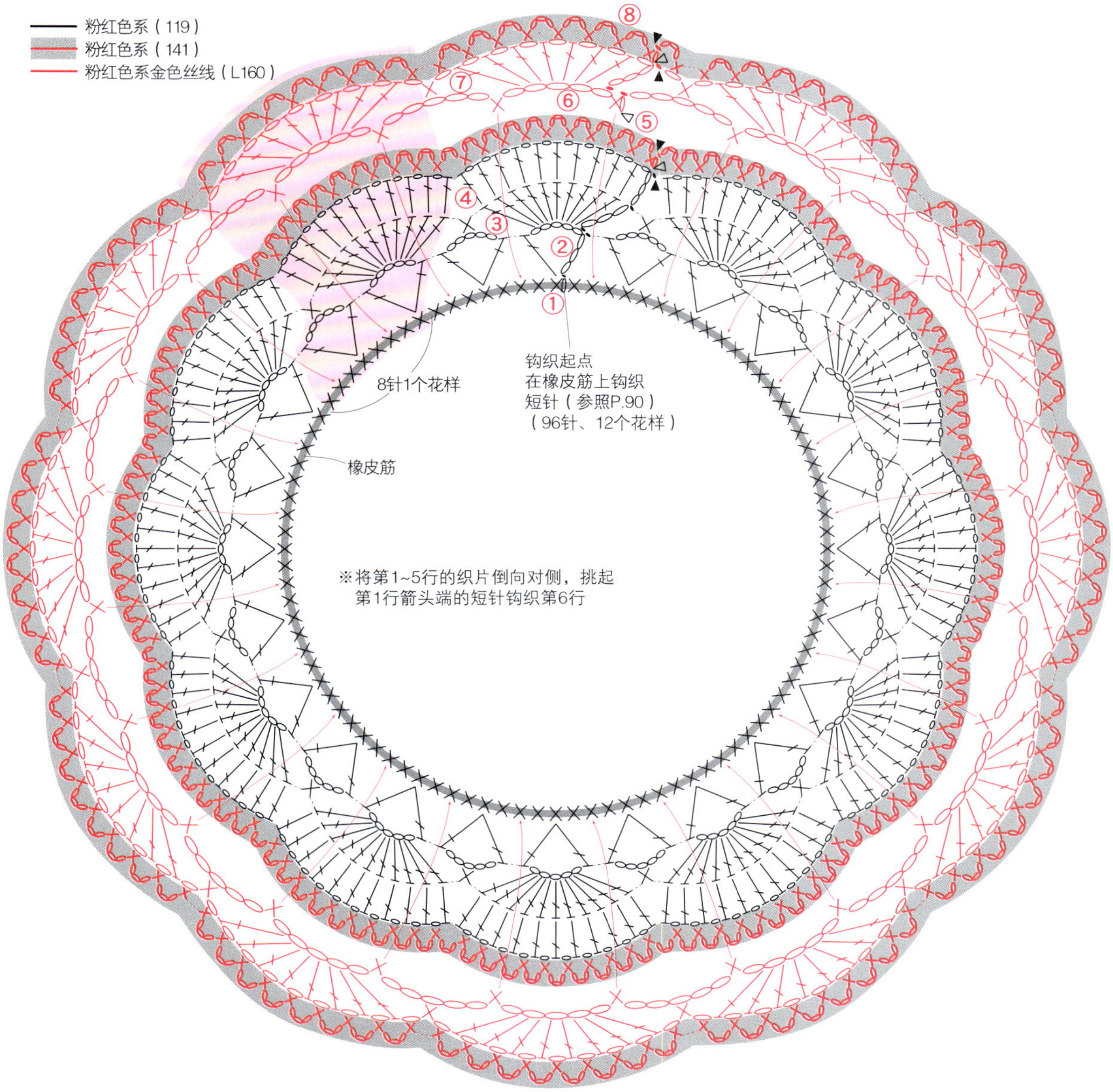

葡萄手链、葡萄胸针

How to knit P.37

Design & Knitting—河合真弓

浓淡的紫色系线组合成美丽的葡萄。

28

29

28、29

材料与工具

［线］Hobbyra Hobbyre 羊毛线 绿色系（04）4g（28、29 各2g），紫色系（10）、（11）、（12）、（13）各3g（28 各1g、29 各2g）

［针］钩针2/0号

［其他材料］填充棉 少许（28、29 各少许），3.5cm胸针（9–11–8 银色）1个（29）

［成品尺寸］参照图示

28的制作方法

1 果实部分环形起针钩织6行。塞入填充棉，在终点行穿入线头后缩缝。用指定颜色钩织所需个数。

2 编织纽扣要环形起针钩织4行。塞入共线后在终点行穿入线端后缩缝。

3 叶子是9针锁针起针，往返钩织4行。

4 茎是罗纹绳，钩织100针。将10针左右长度的罗纹绳对折，缝成纽扣环。

5 参照组合方法分别将叶子、果实、编织纽扣缝在茎上。

29的制作方法

1 与28相同，用指定颜色钩织所需个数的果实。参照组合方法按照制作图缝合在一起。

2 叶子锁针起9针，钩织6行。相同方法钩织3片后，参照组合方法，将★标记侧对齐缝合在一起。

3 藤蔓是罗纹绳，钩织30针。

4 参照组合方法，藤蔓缝在步骤2中完成的叶子反面，然后叠放在步骤1中完成的果实上，进行缝合。反面缝上胸针。

果实

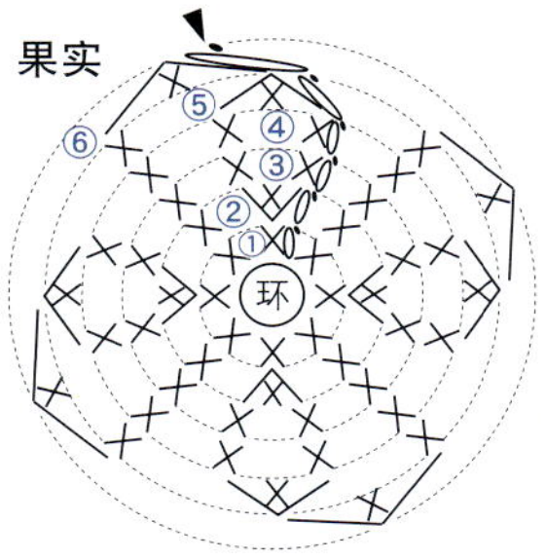

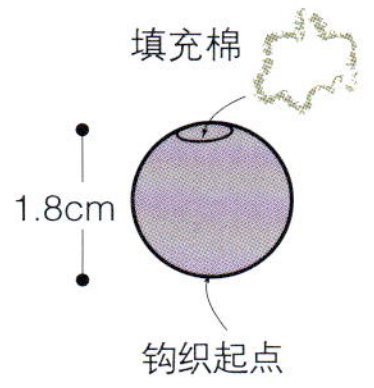

※塞入填充棉，在终点行穿入线端后缩缝

※为便于缝合，线端预留10cm左右

果实针数表

行数	针数	加减针
6	4	–4
5	8	–4
3～4	12	
2	12	+4
1	8	

果实颜色、个数表

	果实颜色	28 个数	29 个数
❶	紫色系(10)	2个	3个
❷	紫色系(11)	2个	3个
❸	紫色系(12)	2个	3个
❹	紫色系(13)	1个	3个

钩织纽扣 绿色系

28 1个

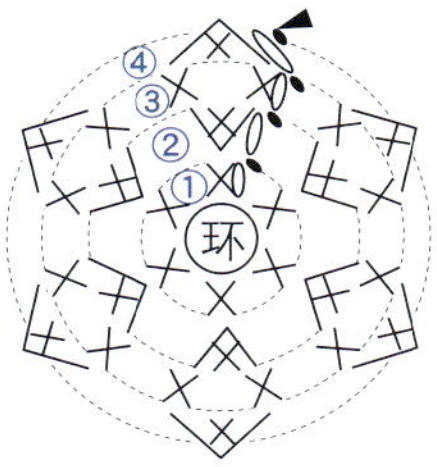

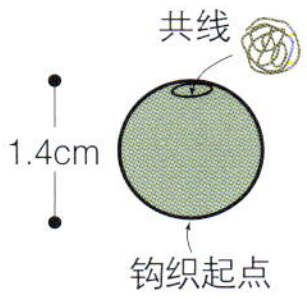

※紧紧塞入共线，并在终点行穿入线端后缩缝

钩织纽扣的针数表

行数	针数	加减针
4	6	–6
3	12	
2	12	+6
1	6	

茎 绿色系（罗纹绳）

28 1条

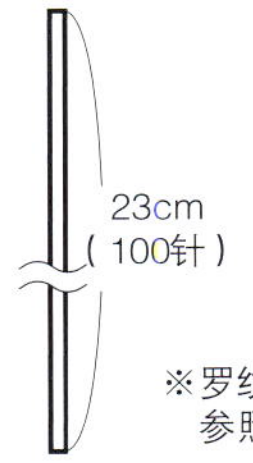

藤蔓 绿色系（罗纹绳）

29 2条

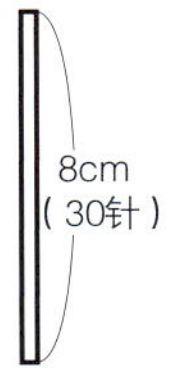

※罗纹绳的钩织方法参照P.95

叶子 绿色系

28（到第4行）1片

29（到第6行）3片

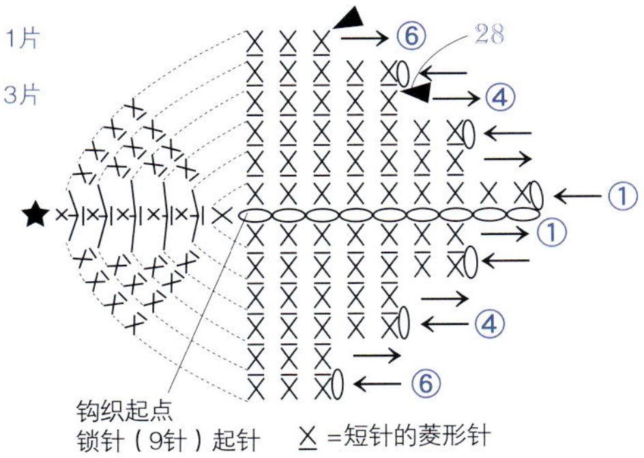

28

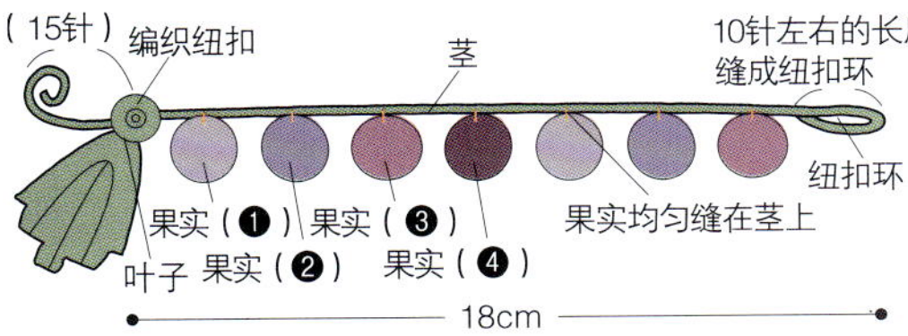

组合方法

29

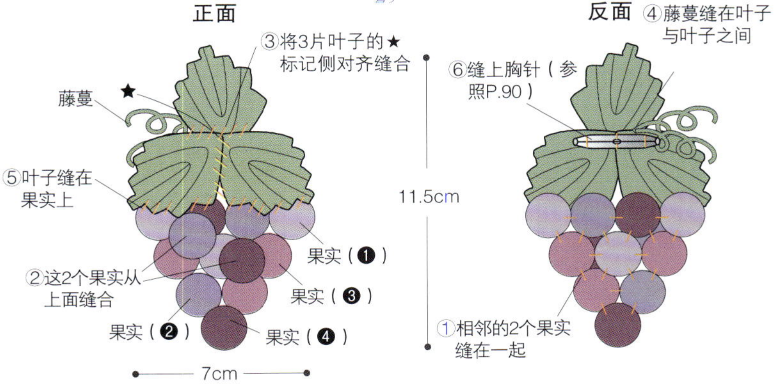

27 ✿ P.33

材料与工具

｛线｝Olympus Emmy Grande（Herbs）粉红色系（141）4g、粉红色系（119）1g，Emmy Grande 粉红色系（111）、原色（851）各3g，Emmy Grande（Bijou）粉红色系金色丝线（L160）1g

｛针｝蕾丝针0号

｛其他材料｝橡皮筋(直径5.5cm／宽0.4cm)1个

｛成品尺寸｝参照图示

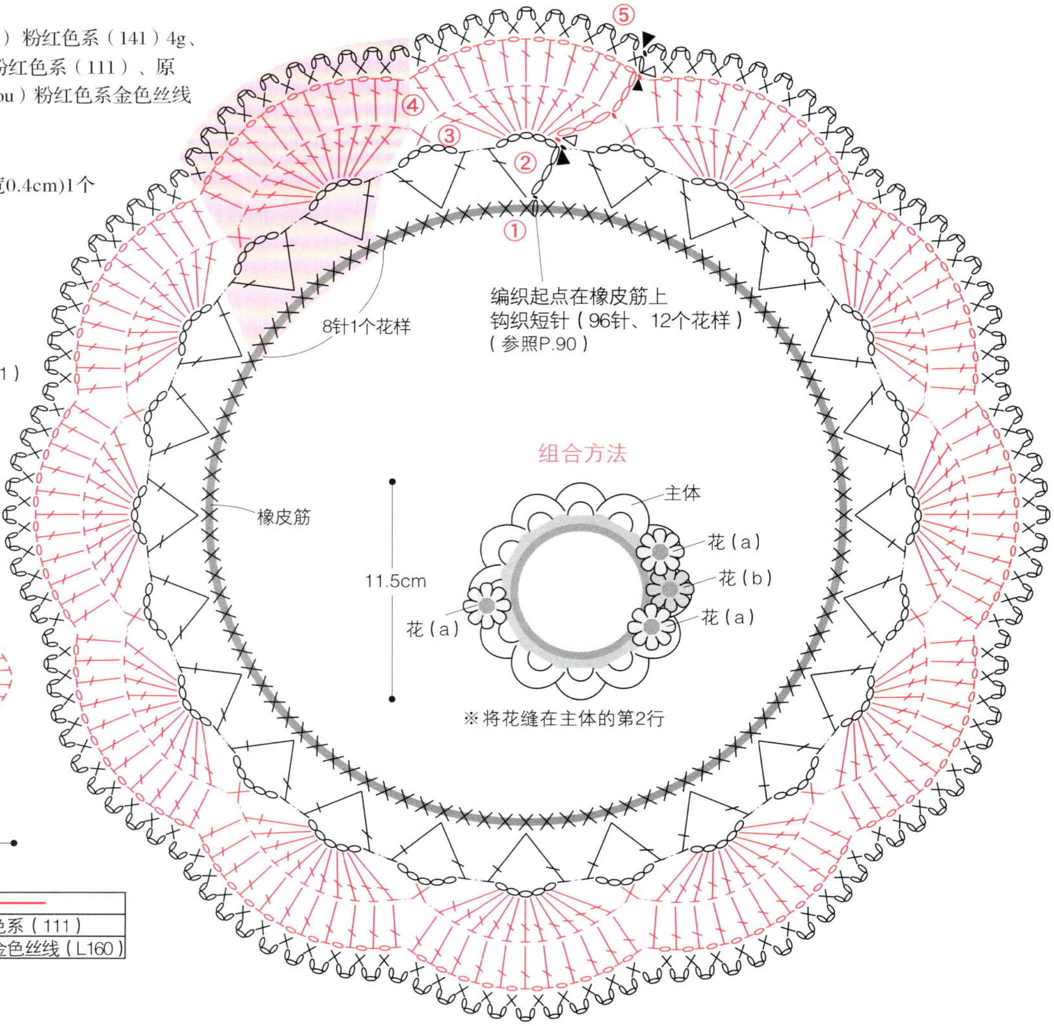

※将花缝在主体的第2行

主体

—— 粉红色系（141）
—— 原色

花　a…3朵　b…1朵

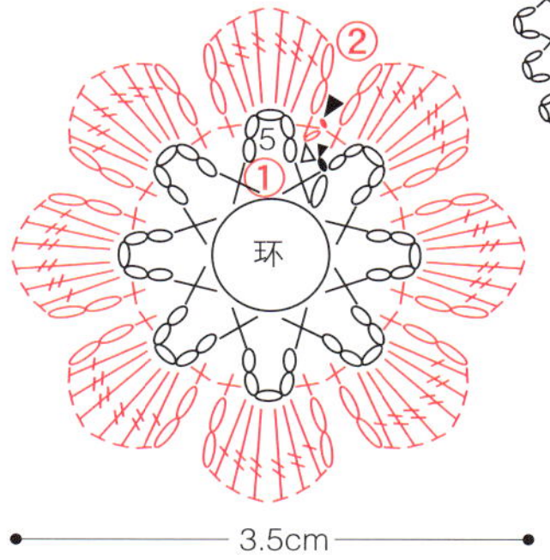

配色表

	——	——
a	粉红色系（119）	粉红色系（111）
b	粉红色系（119）	粉红色系金色丝线（L160）

38 ✿ P.44　Point Lesson　P.6

材料与工具

｛线｝Olympus Emmy Grande（Herbs）红色（190）2g，粉红色系（119）、粉红色系（141）各少许，Emmy Grande（colors）驼色系（734）2g、橙色系（555）少许

｛针｝蕾丝针0号

｛其他材料｝3.5cm胸针（9-11-8 银色）1个

｛成品尺寸｝参照图示

菌伞C　粉红色系（141）1片

※钩织终点的线头预留较长

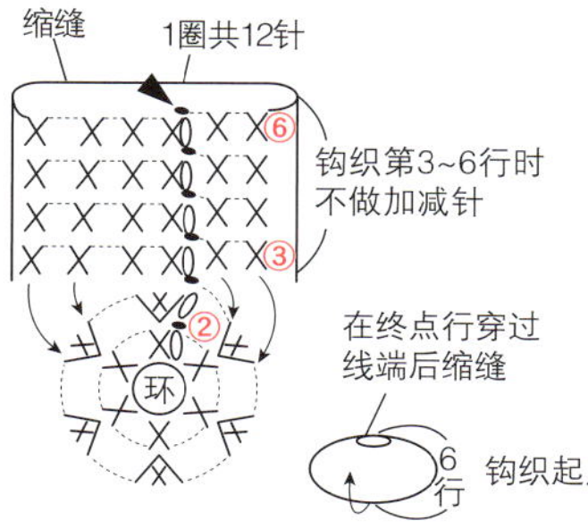

菌柄a、b　驼色系　各1片

※与36（P.46）的菌柄a、b钩织方法相同

菌伞A、B　各1片

※与36（P.46）的菌伞a、b钩织方法相同（配色参照以下配色表）

菌伞A的配色表

	驼色系
——	红色

菌伞B的配色表

	粉红色系（119）
	橙色系
——	红色

组合方法

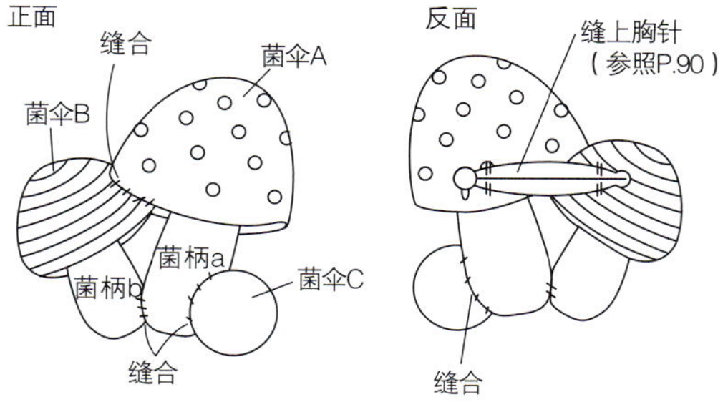

※菌伞与菌柄的连接方法参照36（P.46）

材料与工具

［线］Olympus Souffle（细）玫瑰粉色（106）、浅绿色（104）各4g，原色（102）1g

［针］钩针3/0号

［其他材料］胸针（9-11-1 烟熏色）1个，填充棉 少许

［成品尺寸］参照图示

所需花片

玫瑰…3朵

叶子…5片

花蕾、花萼、花萼（大）、底座（正面）、底座（反面） 各1片

叶子、花萼 浅绿色

「钩织方法参照12（P.18）」

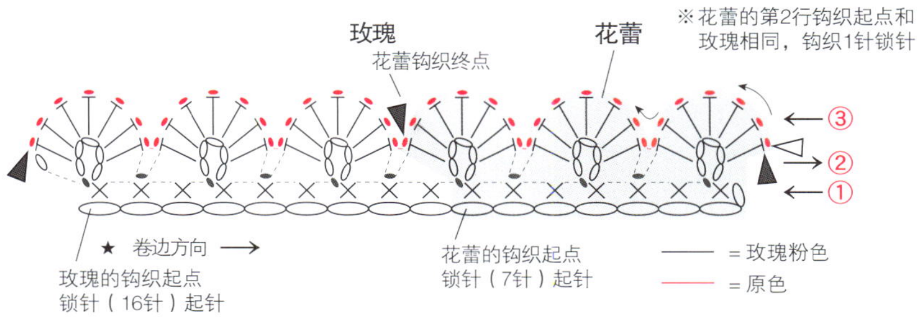

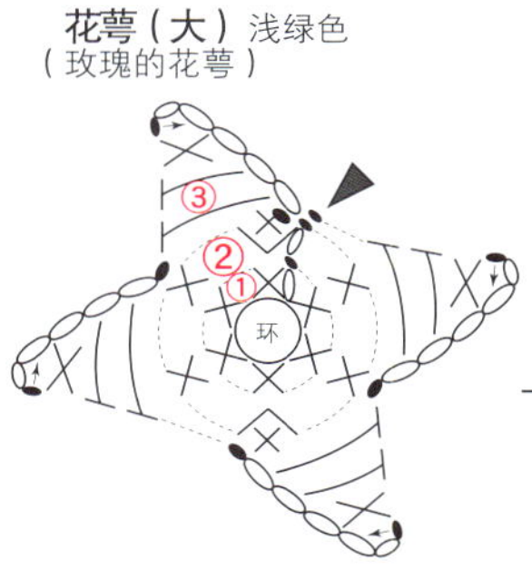

玫瑰的组合方法

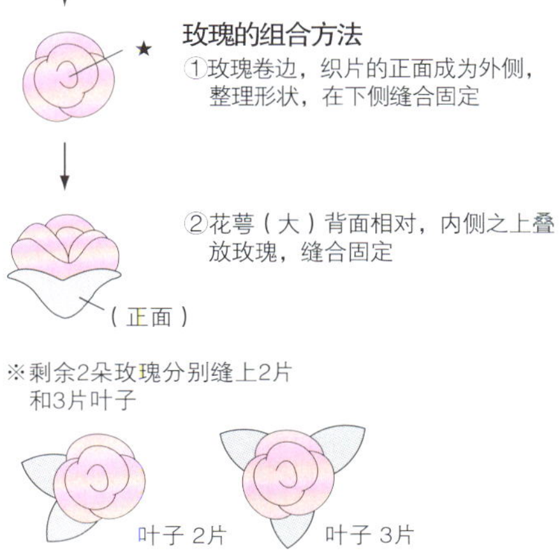

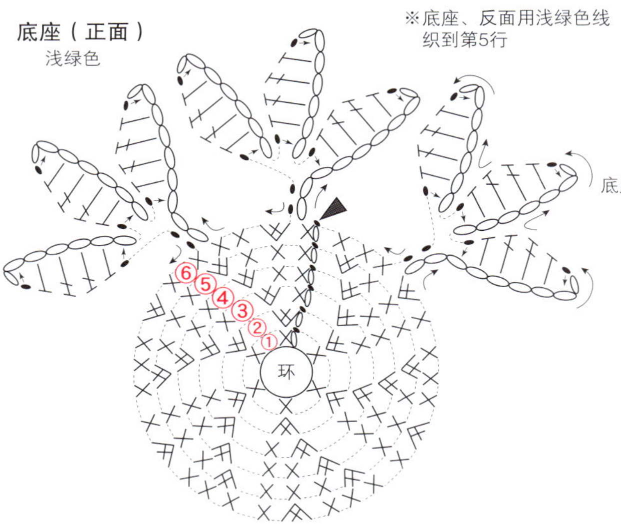

底座的组合方法

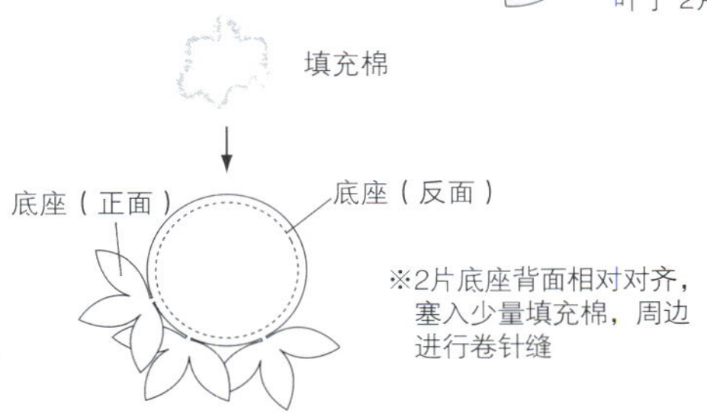

组合方法

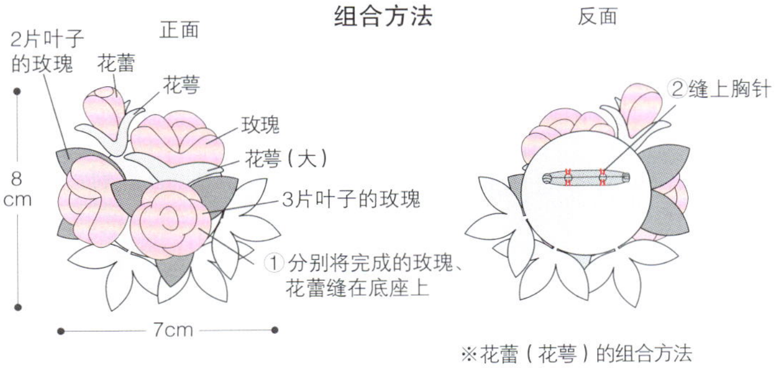

※花蕾（花萼）的组合方法参照12（P.18）

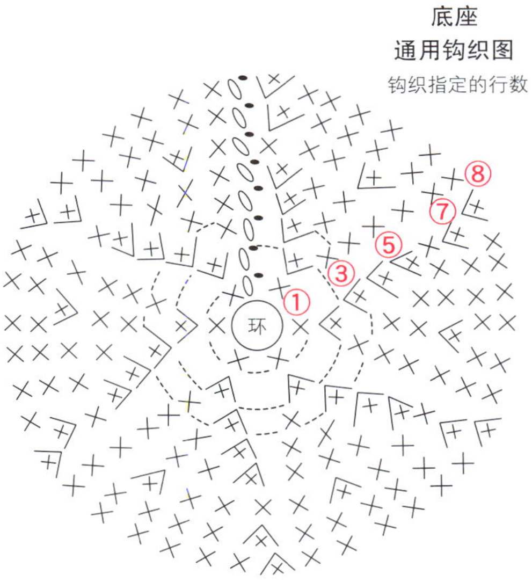

✿ 草莓胸针、草莓发绳、草莓发圈

How to knit 30、32 ··· P.42 31、33 ··· P.43

Design & Knitting ··· 河合真弓

可爱的草莓组合既有果实，也有花。
胸针造型甜美优雅。

30

31

32

33

✿ 葡萄发绳、葡萄发圈

How to knit …… P.59　Point Lesson …… P.5
Design & Knitting …… 冈真理子

葡萄发绳布满了累累果实。
葡萄发圈上的成熟不一的果实颜色，呈现出超强的立体感。

34

35

30 ✿ P.40

材料与工具

【线】DMC 25号刺绣线
茶色系（839）、红色系（321）各3束，
绿色系（500）1束，绿色系（986）0.5束
【针】蕾丝针0号、钩针7/0号
【其他材料】
胸针（9–11–2 银色）1个，
填充棉 少许
【成品尺寸】参照图示

果实 321 6个 0号针

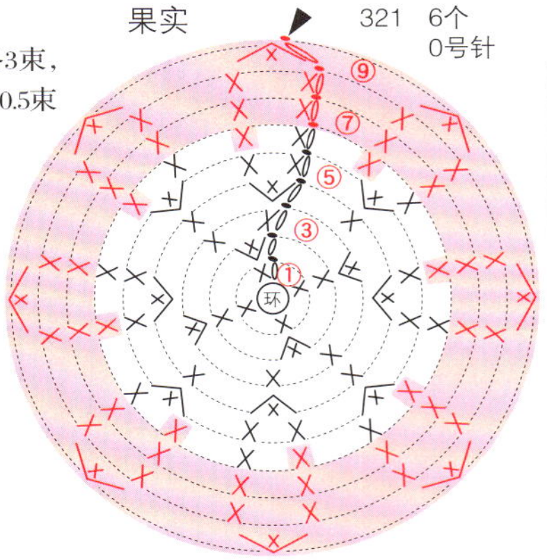

果实针数表

行数	针数	加减针
9	8	−8
8	16	
7	16	
6	16	
5	16	+4
4	12	+4
3	8	+2
2	6	+2
1	4	

底座 839 0号针

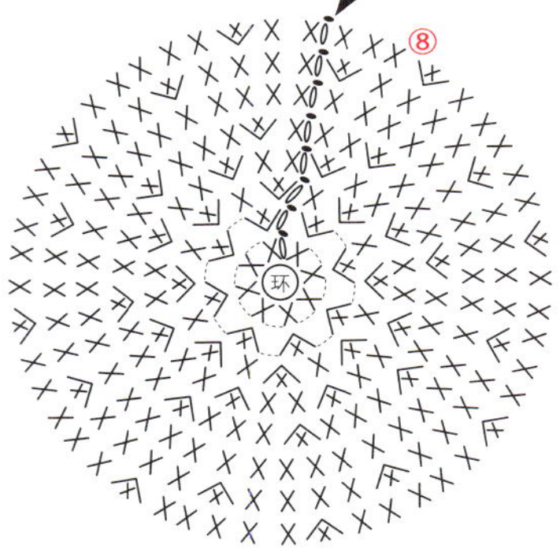

底座针数表

行数	针数	加减针
8	56	+8
7	48	+8
6	40	
5	40	+8
4	32	+8
3	24	+8
2	16	+8
1	8	

× 部分的配色为31的果实（2个）、32 的C果实的配色位置。
其他果实均用指定色线1种颜色钩织。

绿色 839 3股线 7/0号针

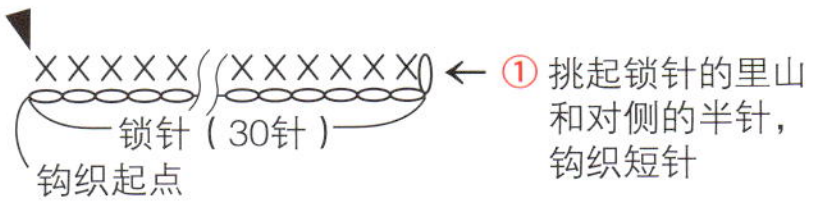

果实的组合方法

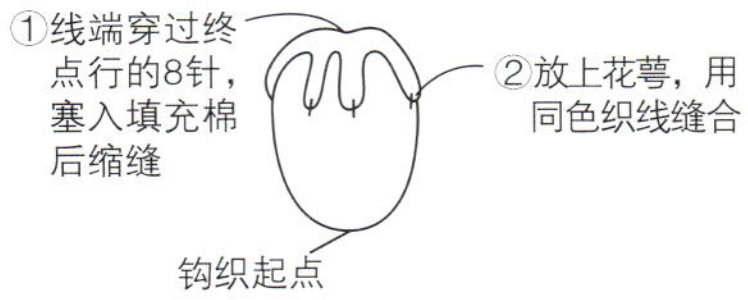

花萼 500 3片
986 2片
0号针

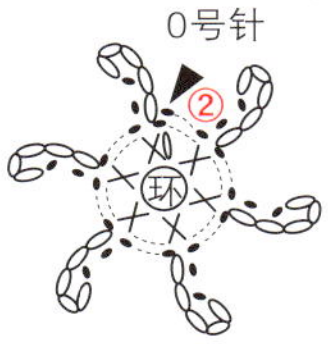

底座和边缘的连接

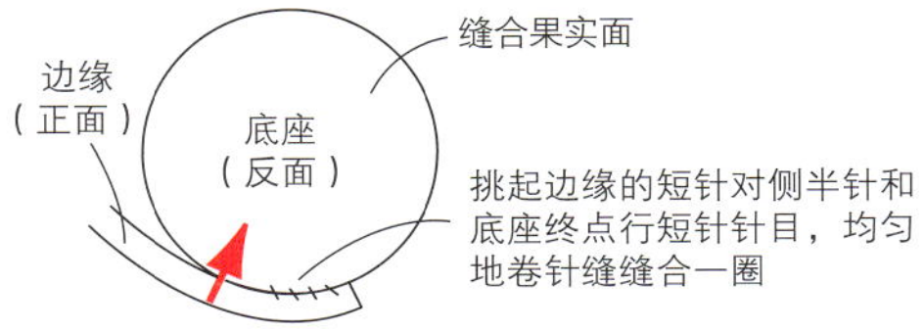

组合方法 ※果实的花萼侧朝下缝在底座上

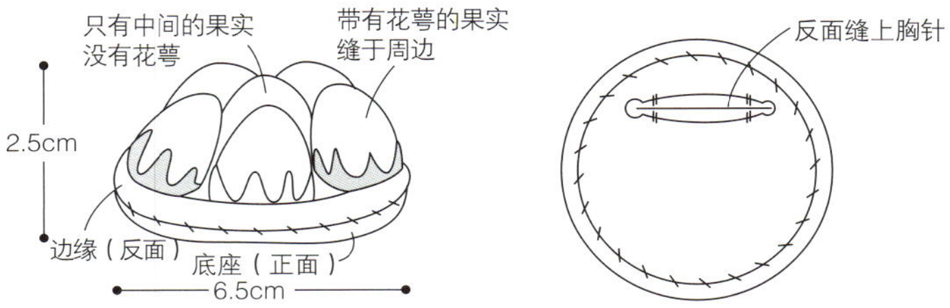

32 ✿ P.40

材料与工具

【线】DMC 25号刺绣线 绿色系（500）2束，绿色系（935）1.5束，绿色系（986）1束；原色（3865）、粉红色系（3801）、（3705）及红色系（321）各0.5束，黄色系（973）少许
【针】蕾丝针0号
【其他材料】胸针（9–11–2 银色）1个，填充棉 少许
【成品尺寸】参照图示

花 3朵

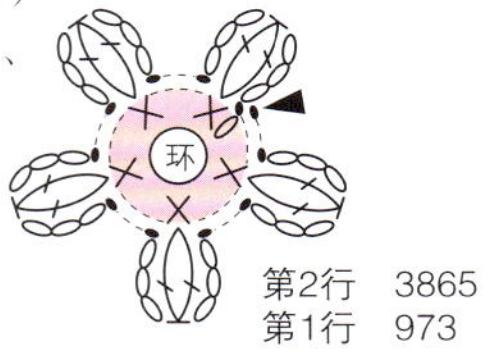

底座 500
钩织30中底座的第1~6行

〈组合顺序〉
①将5片叶子缝在底座上
②缝上a、b、c果实的柄
③放上3朵花后缝合
④反面缝上胸针

果实 换用与30的果实、花萼相同色线钩织
果柄钩织锁针如下图

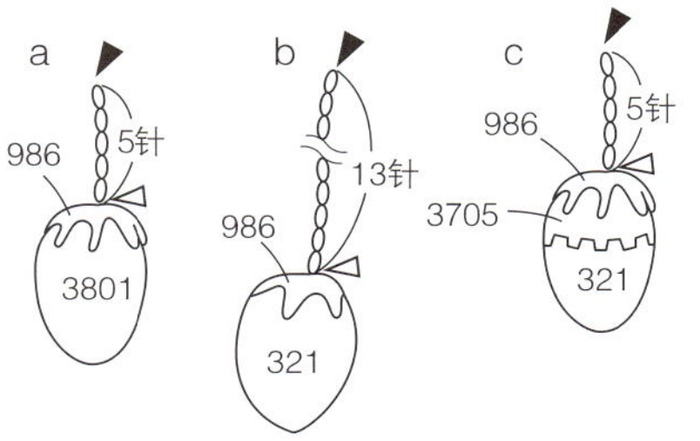

叶子 935 3片
500 2片

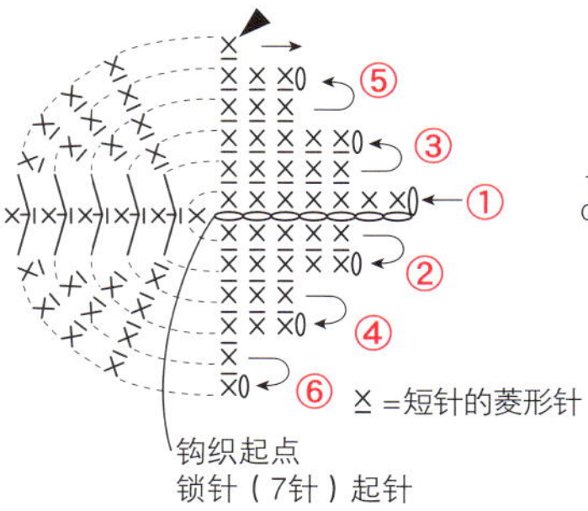

$\underline{\times}$ =短针的菱形针

组合方法

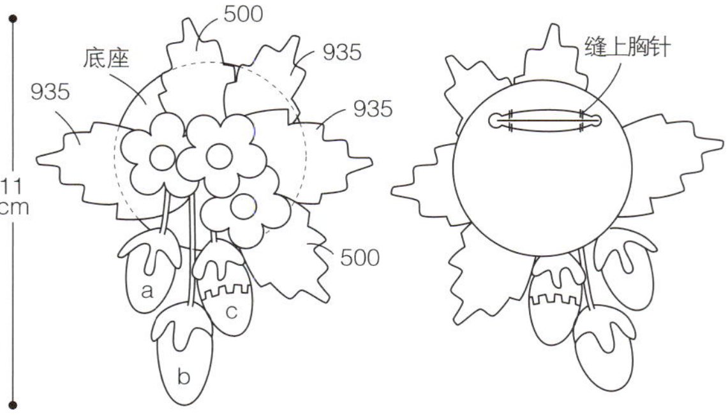

33 ✿ P.40

材料与工具

［线］DMC 25号刺绣线 绿色系（500）4.5束，红色系（321）2束，绿色系（986）1束，原色（3865）0.5束，黄色系（973）少许

［针］蕾丝针0号

［其他材料］橡皮筋（外径5.5cm/粗0.4cm）1个，填充棉 少许

［成品尺寸］参照图示

※果实（4个）参照30、花（4朵）参照32进行钩织

※配色 参照下图

主体、花、果实的配色及组合方法

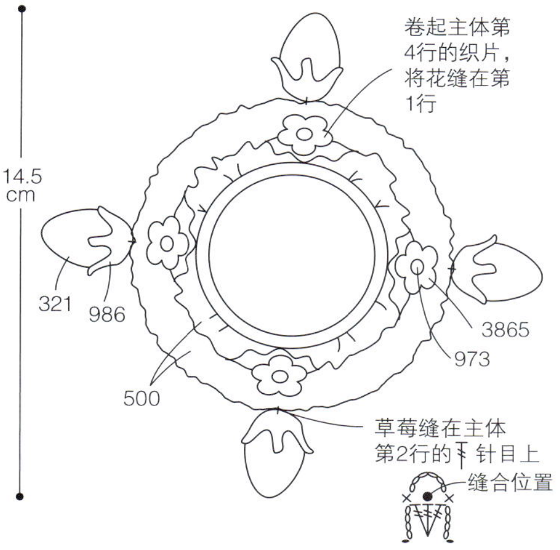

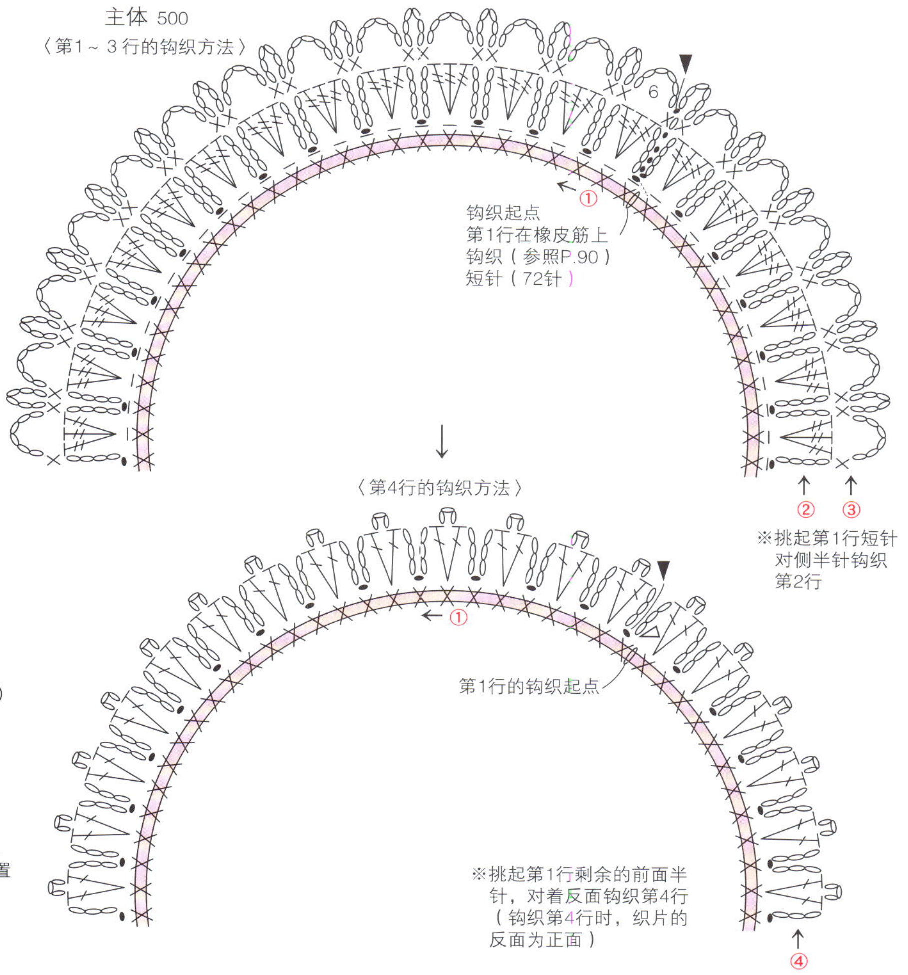

31 ✿ P.40

材料与工具

［线］DMC 25号刺绣线 原色（3865）、红色系（321）、绿色系（699）各1束，绿色系（986）0.5束

［针］蕾丝针0号

［其他材料］橡皮筋（粗0.2cm）1个，填充棉 少许

［成品尺寸］参照图示

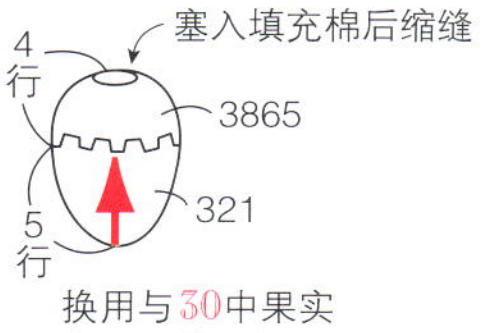

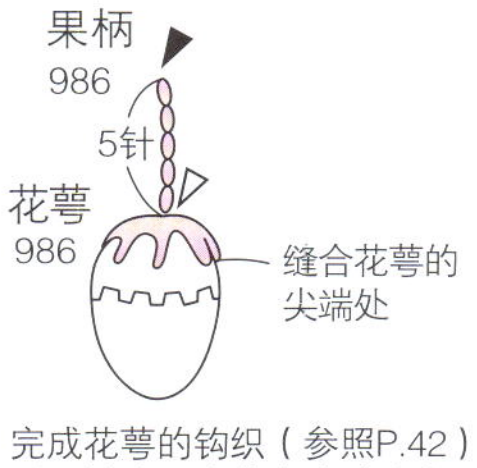

叶子 699 2片

与32中的叶子钩织相同（参照P.42）

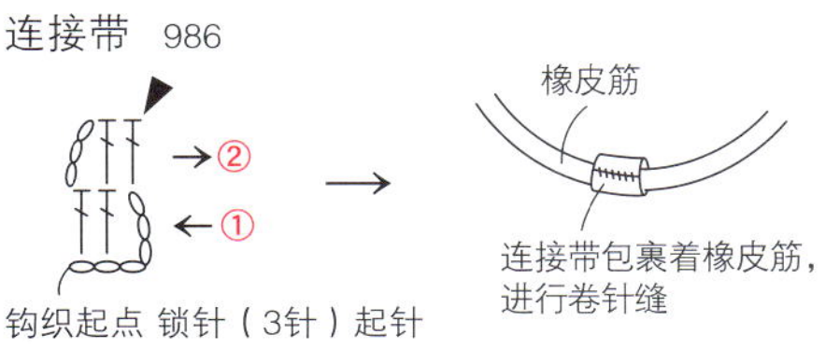

组合方法

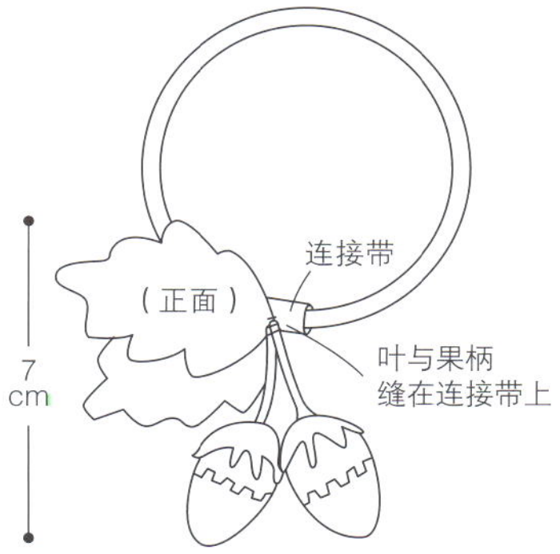

✿ 蘑菇发绳、蘑菇胸针

How to knit 36、37 …… P.46　38 …… P.38　Point Lesson …… P.6

Design & Knitting …… 远藤广美

有点点蘑菇还有横条蘑菇。
有了五颜六色时尚蘑菇的点缀，
欢喜之情油然而生……

✿ 小鸟和花、果实的胸针

How to knit 39、41 …… P47　40 …… P23

Design & Knitting …… 松本薰

娇俏可爱的小鸟花片。
戴在身上，或许就能交上好运。

材料与工具

[线] Olympus Emmy Grande（Herbs）粉红色系（141）、驼色系（732）各2g，红色（190）少许

[针] 蕾丝针0号

[其他材料] 橡皮筋（直径5.5cm / 宽0.4cm）1个

[成品尺寸] 参照图示

菌伞A　x = 配色线的织入（V字形针的织入方法）参照P.6

—— = 红色

—— = 粉红色系

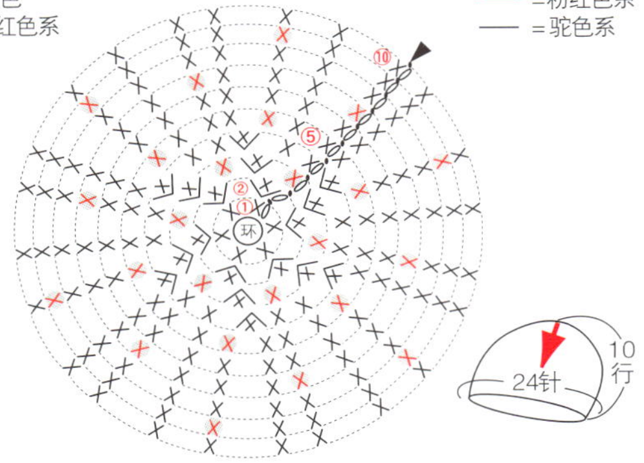

菌伞C

—— = 粉红色系

—— = 驼色系

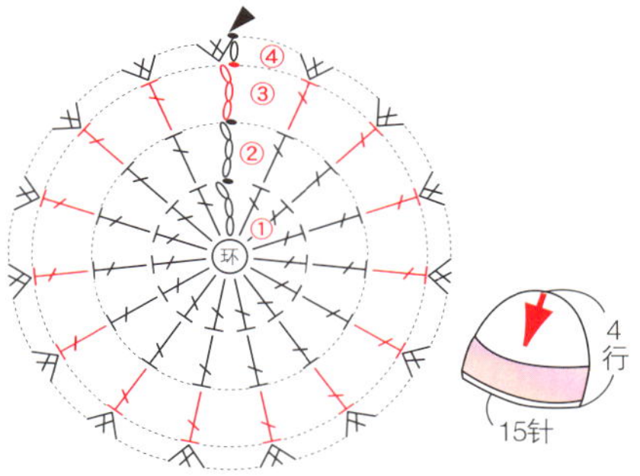

菌柄a　驼色系　1片

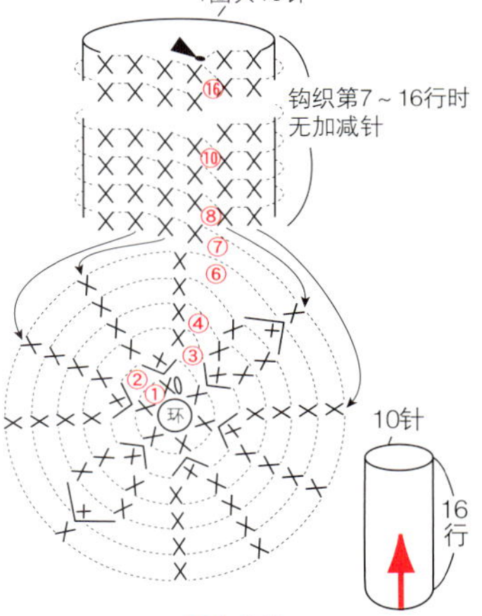

菌伞与菌柄的连接方法

蘑菇A、B、C均相同

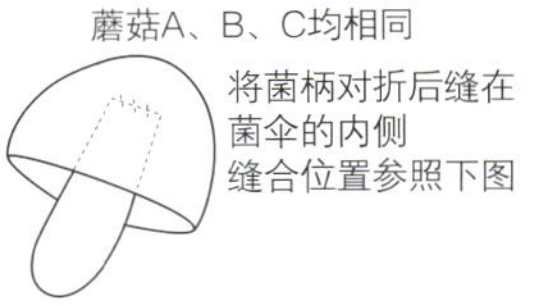

菌伞B

▭ = 红色　—— = 粉红色系

▭ = 驼色系

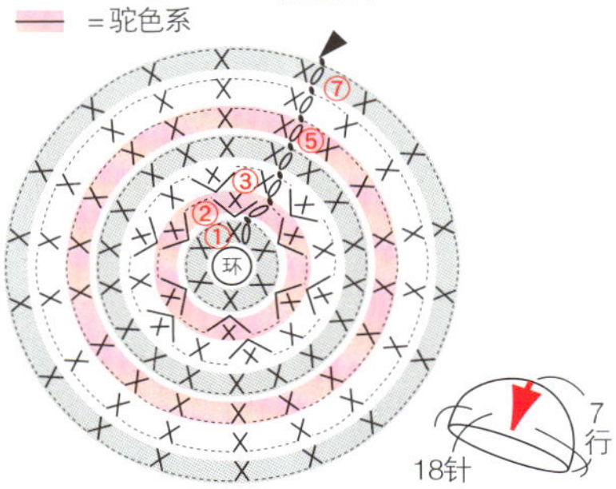

茎b　粉红色系　2片

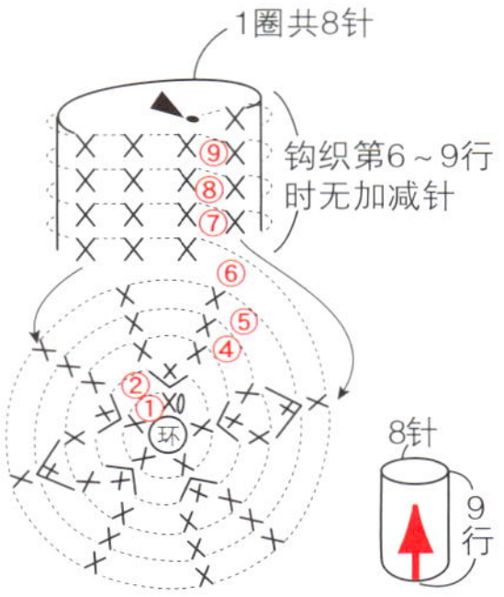

菌伞与橡皮筋的连接方法

※包裹着橡皮筋钩织（参照P.90），其间连接菌伞

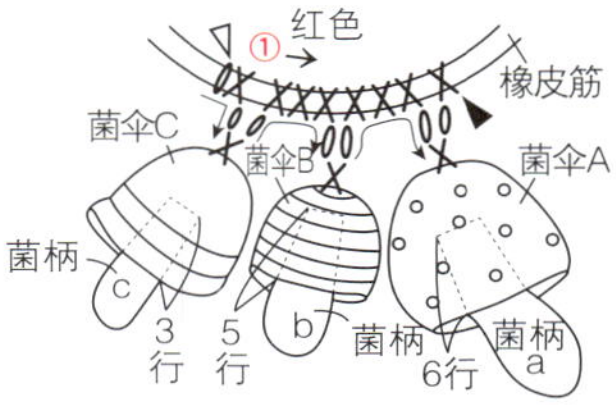

组合方法

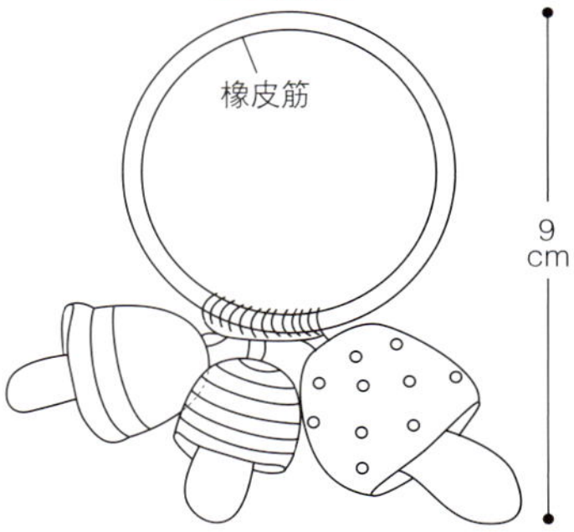

37 ✿ P.44

材料与工具

[线] Olympus Emmy Grande（Herbs）粉红色系（118）、白色系（800）各2g，黄色系（560）1g；Emmy Grande（Colors）原色（804）1g

[针] 蕾丝针0号

[其他材料] TOHO　胸针（9-11-2 银色）1个

[成品尺寸] 参照图示

蘑菇E

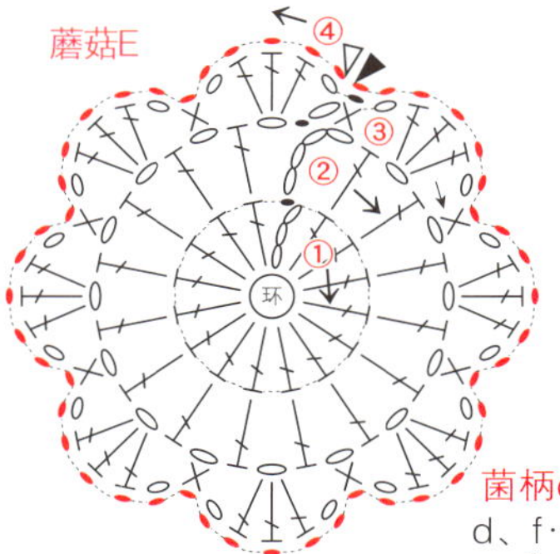

—— = 黄色系

—— = 粉红色系

蘑菇F

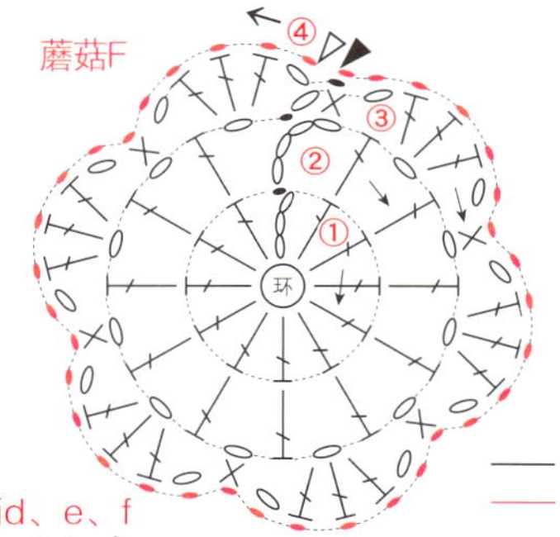

—— = 原色

—— = 黄色系

菌柄d、e、f

d、f…白色
e…原色　各1条

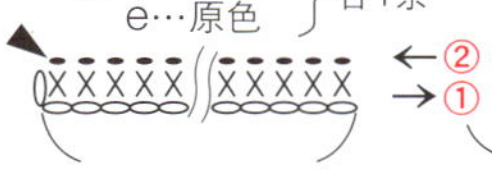

挑起前一行针目的对侧1股横线（半针）进行钩织

挑起锁针的里山钩织

d…锁针（15针）
e…锁针（25针）　起针
f…锁针（20针）

菌伞D…与36中的菌伞C相同，按照如下配色进行钩织

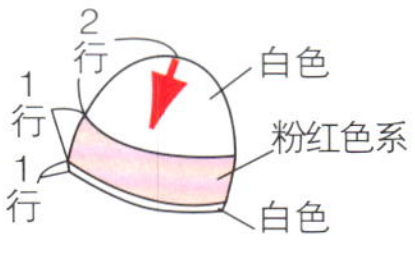

底座

粉红色系　1片

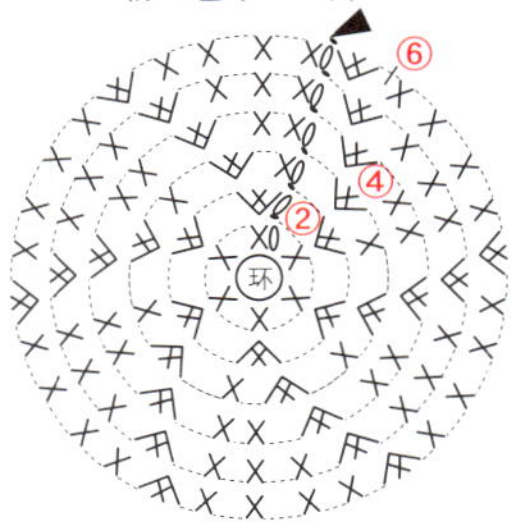

组合方法

①将菌柄缝在菌伞内侧的第1行

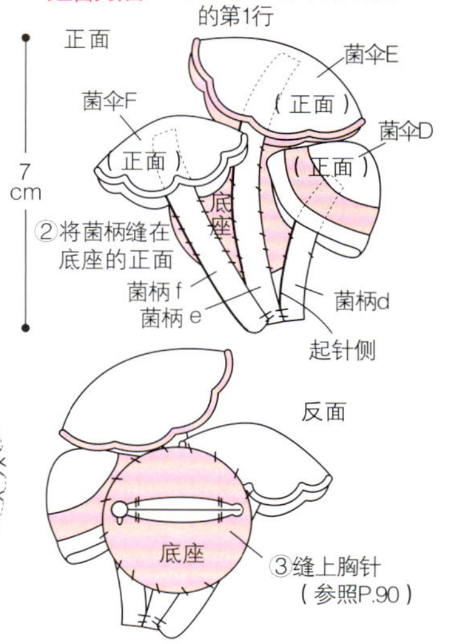

39 ✿ P.45

材料与工具

｛线｝和麻纳卡 Wash Cotton〈Crochet〉蓝色（110）2g，驼色（103）、浅蓝色（109）、玫瑰粉色（115）、苔绿色（126）各1g

｛针｝钩针2/0号

｛其他材料｝胸针（9–11–1 烟熏色）1个，花用铁丝（31号）约20cm，大圆珠（黑色）1颗

｛成品尺寸｝参照图示

树枝 驼色

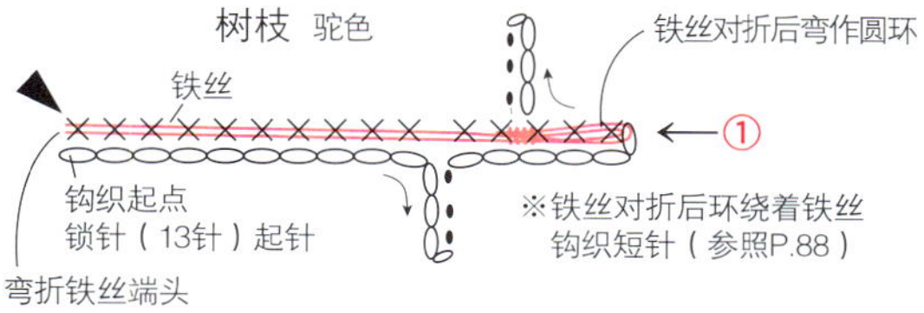

小鸟 蓝色

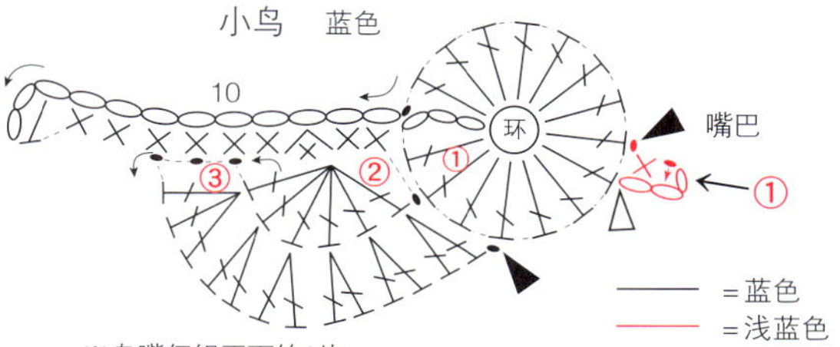

※鸟嘴仅织正面的1片

叶子 苔绿色

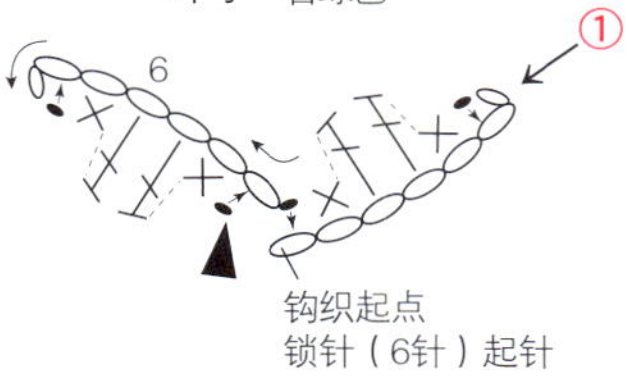

花蕾 玫瑰粉色

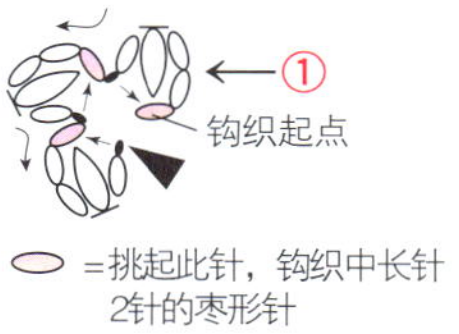

羽毛 浅蓝色

所需花片

小鸟	各2片	
羽毛	各2片	
叶子	各2片	
花蕾	各2片	
树枝…1条		

组合方法

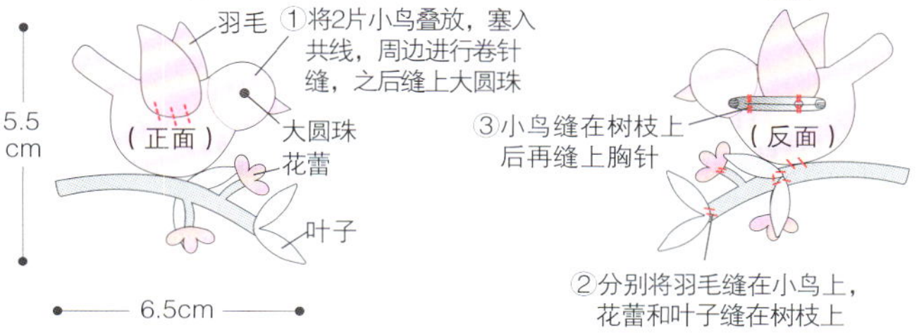

41 ✿ P.45

材料与工具

｛线｝和麻纳卡 Flax K 淡茶色（13）3g；Wash Cotton〈Crochet〉黄色（104）3g，黄绿色（108）、紫红色（122）各1g，茶色（119）少许

｛针｝钩针2/0号、5/0号

｛其他材料｝胸针（9–11–1 烟熏色）1个，花用铁丝（31号）约25cm，大圆珠（黑色）1颗

｛成品尺寸｝参照图示

所需花片

小鸟	各2片
羽毛	各2片
鸟笼…1片	
花…3片	
叶子…1片	

※除指定外均用2/0号针钩织

小鸟 黄色
羽毛 黄色
嘴巴 茶色
各钩织方法参照39
花 紫红色

鸟笼 浅茶色 5/0号

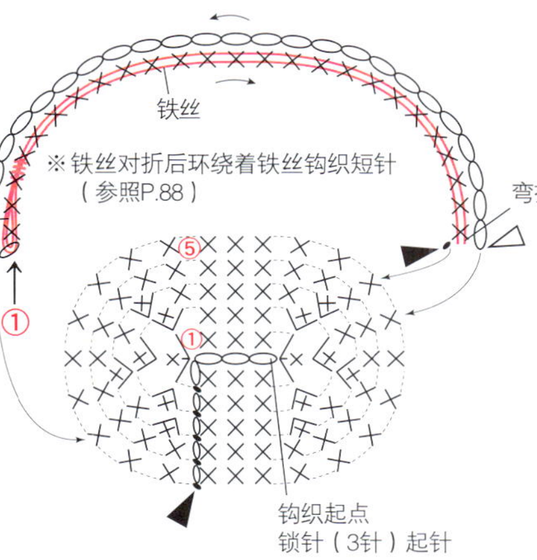

花 紫红色

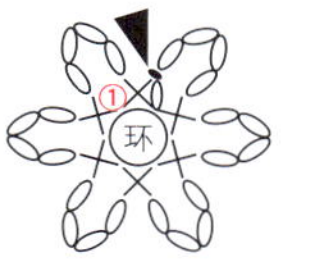

叶子 黄绿色

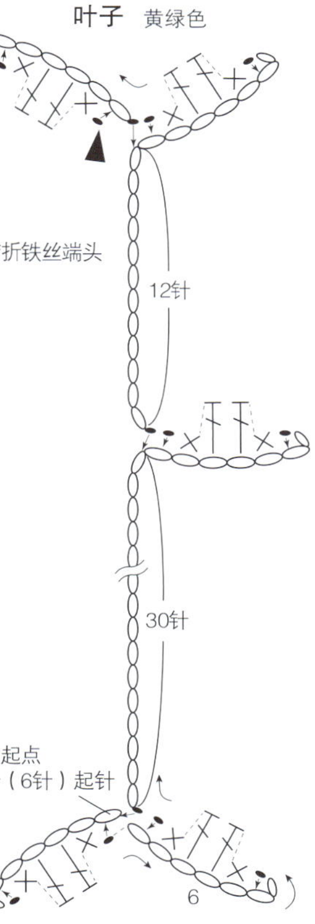

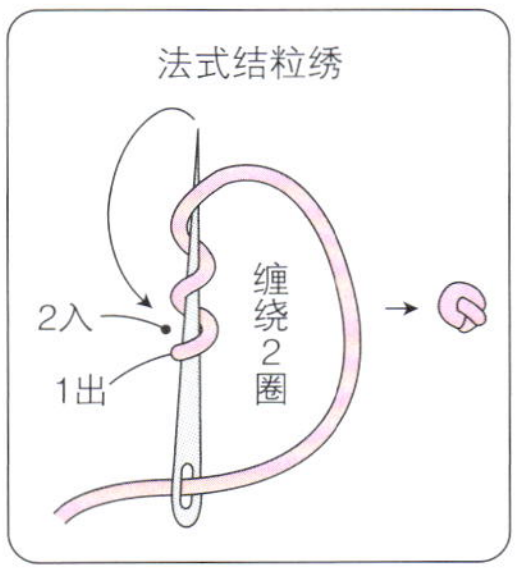

组合方法

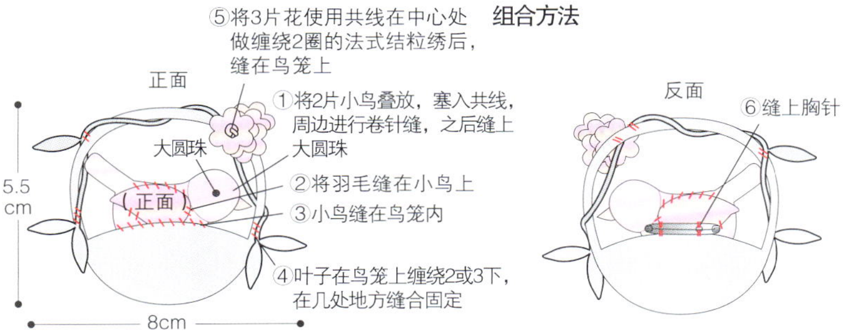

✿ 草莓胸针

How to knit 42、43、44 …… P.51　45 …… P.50　Point Lesson …… P.6

Design & Knitting …… 大町真纪

甜美的草莓胸针是女孩子的最爱。
在水果馅饼上点缀鲜奶油，
就变成了甜点胸针！

许许多多的草莓和花朵
组合成大大的胸针，
点缀包包更显精巧别致。

45

42 ~ 45 通用

草莓通用

果实配色

× = 白色

× = 参照各配色表

草莓果实的组合方法

钩织结束后塞入填充棉，织线穿过终点行的针目并缩缝（参照P.6）

草莓果实（大）

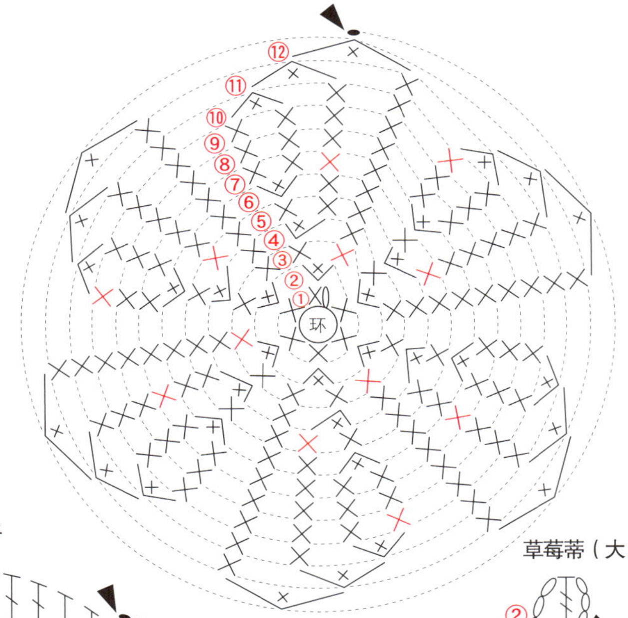

草莓果实（小）

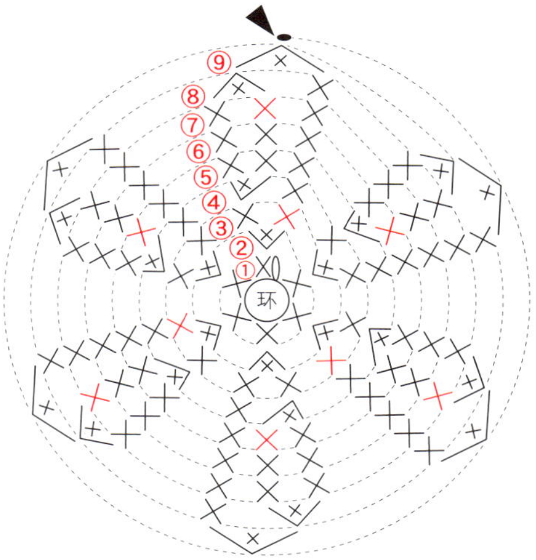

叶子

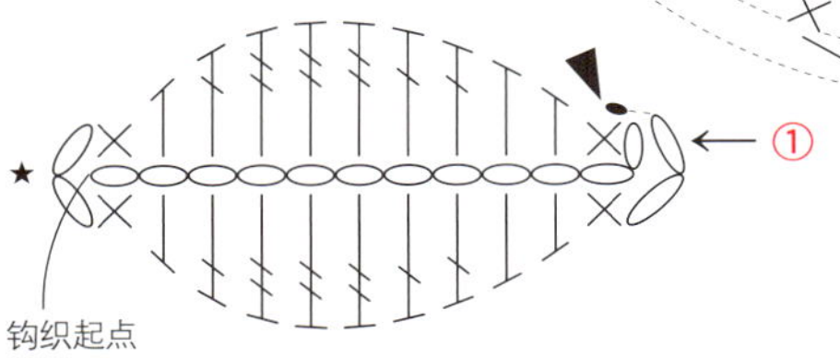

钩织起点
锁针（11针）起针

草莓蒂（大）

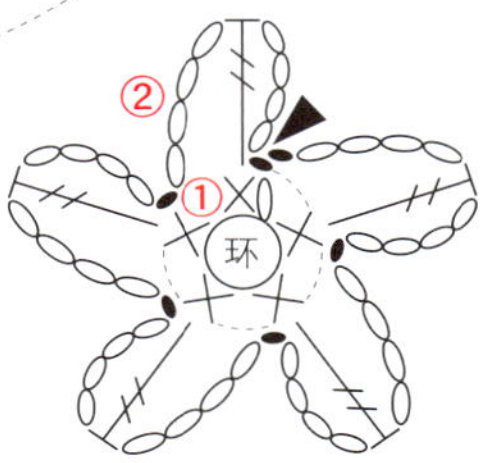

草莓蒂（小）
花瓣

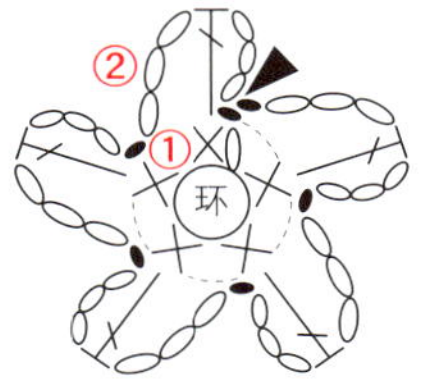

花芯

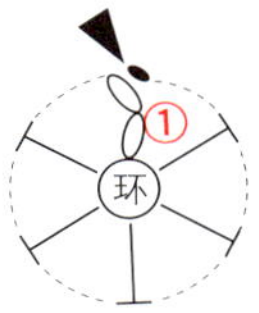

※花芯缝在花瓣的中心处

45 ✿ P.49 Point Lesson - P.6

材料与工具

［线］藤久 Wister Medi 红色（57）、黄绿色（60）、绿色（61）各6g，粉红色（55）、深粉红色（56）、白色（51）各2g，浅黄色（58）少许

［针］钩针4/0号

［其他材料］胸针（9-11-3 烟熏色）1个，填充棉 少许

［成品尺寸］参照图示

所需花片

草莓A…草莓果实（大）、草莓蒂（大）各3个
草莓B、C…草莓果实（小）、草莓蒂（小）各2个
叶子（绿色）…4片
叶子（黄绿色）…4片
花…花瓣 3片、花芯 3片
底座…1片

底座 黄绿色

底座的钩织方法参照P.39，钩织到第8行

草莓配色表

	A	B	C
草莓蒂	绿色	黄绿色	黄绿色
草莓 ×	白色		
草莓 ×	红色	深粉红色	粉红色

组合方法

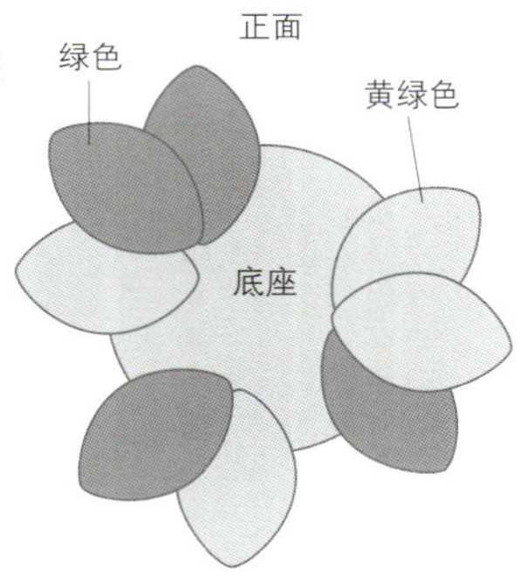

符号图的★标记处为外侧，叶子缝在底座的正面

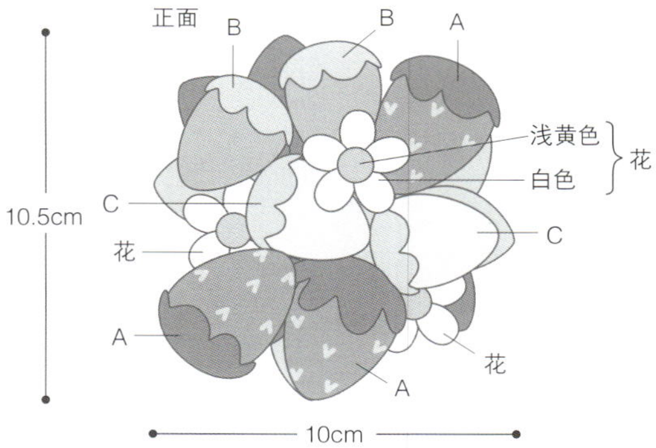

分别将草莓果实和草莓蒂、花瓣和花芯缝在一起，然后缝在有叶子装饰的底座上

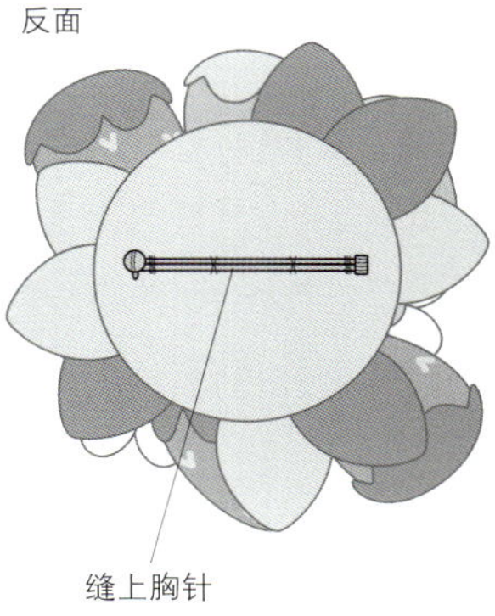

缝上胸针

42 ✿ P.48 Point Lesson P.6

材料与工具

【线】和麻纳卡 Exceed Wool FL〈粗〉 红色（210）、珊瑚粉色（236）各3g，白色（201）、绿色（220)各2g，Four Ply 黄色（323）少许

【针】钩针4/0号

【其他材料】胸针（9-11-3 烟熏色）1个，填充棉 少许

【成品尺寸】参照图示

所需花片

草莓A…草莓果实（大）、草莓蒂（大）各1个
草莓B…草莓果实（小）、草莓蒂（小）各2个
花…花瓣1片、花芯2片（2股线）

草莓配色表

		A	B
草莓蒂		绿色	绿色
果实	╳	白色	白色
	╳	红色	珊瑚粉色

（钩织方法参照P.50）

组合方法

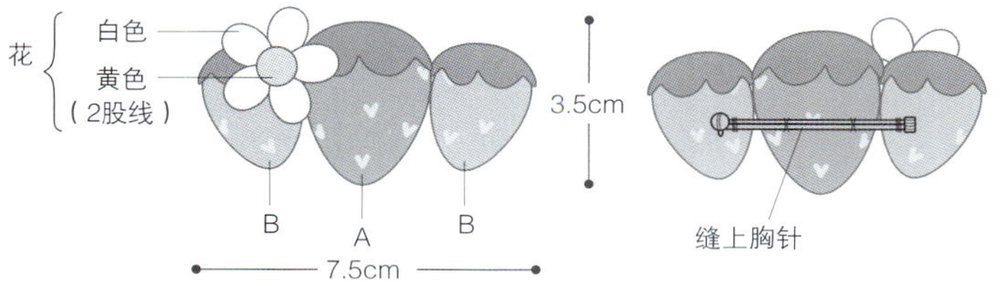

分别将草莓果实和草莓蒂、花瓣和花芯缝在一起，然后按照图示组合

43 ✿ P.48 Point Lesson P.6

材料与工具

【线】和麻纳卡 Exceed Wool FL〈粗〉 红色（210）、白色（201）各4g，浅红色（208）、浅黄色（204）各3g，茶色（205）2g

【针】钩针4/0号

【其他材料】胸针（9-11-2 烟熏色）1个，填充棉 少许

【成品尺寸】参照图示

水果馅饼

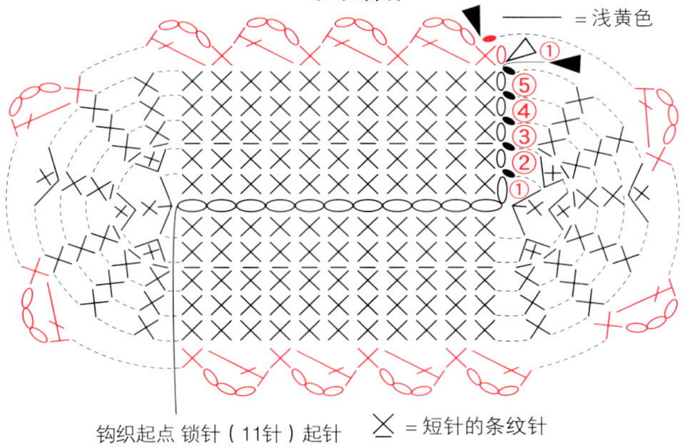

鲜奶油 白色

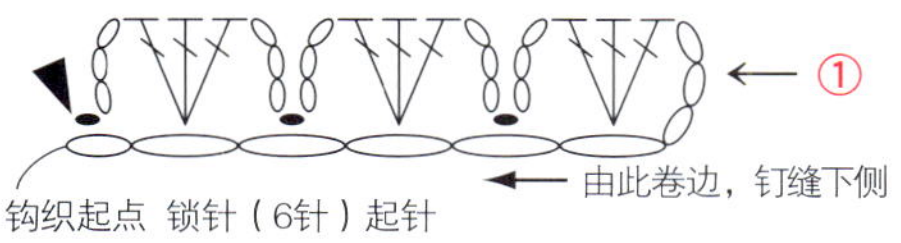

所需花片

草莓A…草莓果实（小）3个
草莓B…草莓果实（小）2个
鲜奶油…3个
水果馅饼…1片

草莓配色表

（钩织方法参照P.50）

		A	B
果实	╳	白色	白色
	╳	红色	浅红色

组合方法

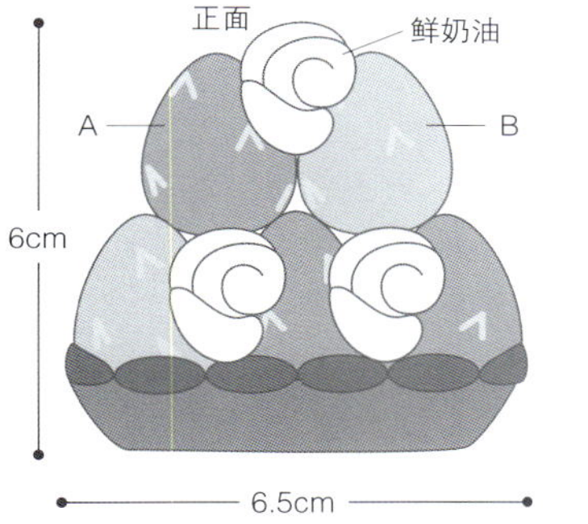

如图所示将草莓和卷边的鲜奶油放在一起，并缝在水果馅饼内

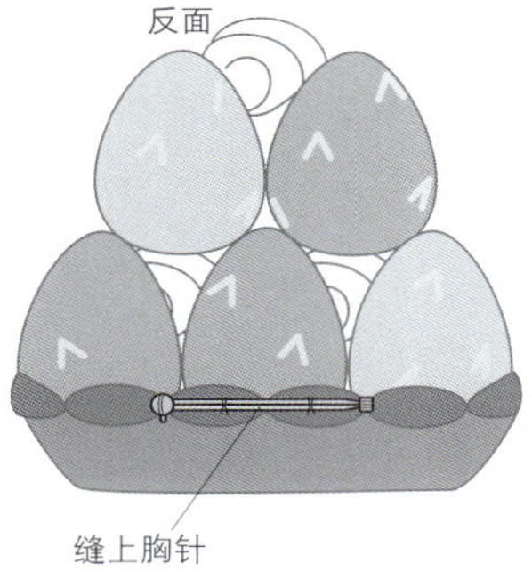

44 ✿ P.48 Point Lesson P.6

材料与工具

【线】藤久 Wister Medi 绿色（61）、红色（57）各4g，黄绿色（60）、白色（51）各1g，浅黄色（58）少许

【针】钩针4/0号

【其他材料】胸针（9-11-2 烟熏色）1个，填充棉 少许

【成品尺寸】参照图示

所需花片

草莓A、B、C…草莓果实（小）、草莓蒂（小）各1个
果柄…3条
叶子…3片
蝴蝶…1片

草莓果实（小）、草莓蒂（小）的钩织方法参照P.50

草莓配色表

		A	B	C
果柄的针数		19针锁针	25针锁针	22针锁针
蒂、果柄		黄绿色	绿色	黄绿色
果实	╳	白色	白色	白色
	╳	红色	红色	红色

蝴蝶

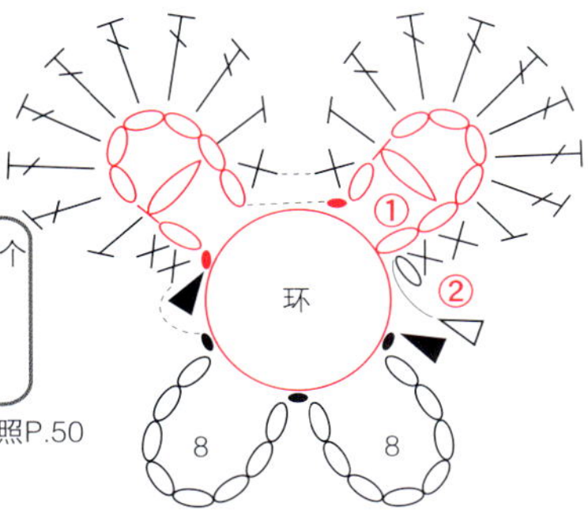

果柄

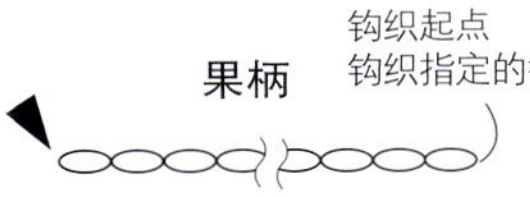

组合方法

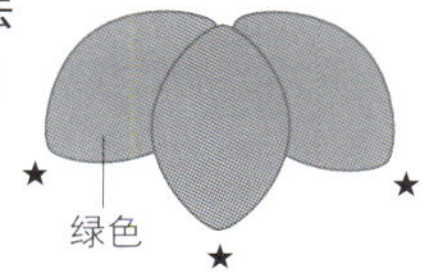

符号图中的★标记放在下侧，将3片叶子叠放其上，缝合

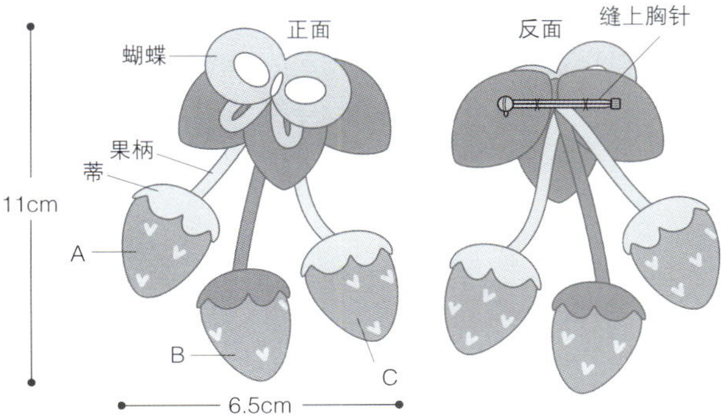

果柄和蒂与果实缝合一体后，再缝在叶子的反面侧。蝴蝶缝在叶子上

PART 3 自然色首饰

简单、时尚的自然色首饰，
适合不同人的不同气质。

46

47

48

胸针、耳坠、项链

How to knit　P.54
Design & Knitting　风工房

浪漫优雅，提升气质，让人瞬间具有美好的心情。
分别制作花、叶子、藤蔓，最后再进行精心组合。

花片极具存在感，
所以就算是单侧佩戴也不失可爱。

项链上组合了许多花片，
如果搭配协调，穿着品位会自然展现出来。

46、47、48 ✿ P.52

P.52

材料与工具

46

【线】和麻纳卡 Wash Cotton〈Crochet〉原色（102）20g

【针】钩针2/0号

【其他材料】胸针 1个

47

【线】和麻纳卡 Wash Cotton〈Crochet〉原色（102）5g

【针】钩针2/0号

【其他材料】耳坠金具1组、圆环（直径4mm）2个、链条（直径2mm）2cm

48

【线】和麻纳卡 Wash Cotton〈Crochet〉原色（102）30g

【针】钩针2/0号

【其他材料】项链扣 1组、圆环（直径4mm）2个、调节链 1个

【成品尺寸】参照图示

制作方法

分别钩织所需数量的花片，然后参照组合方法组合。

48 项链的组合方法

※各花片的钩织方法参照P.55
※穗带的钩织方法参照下图

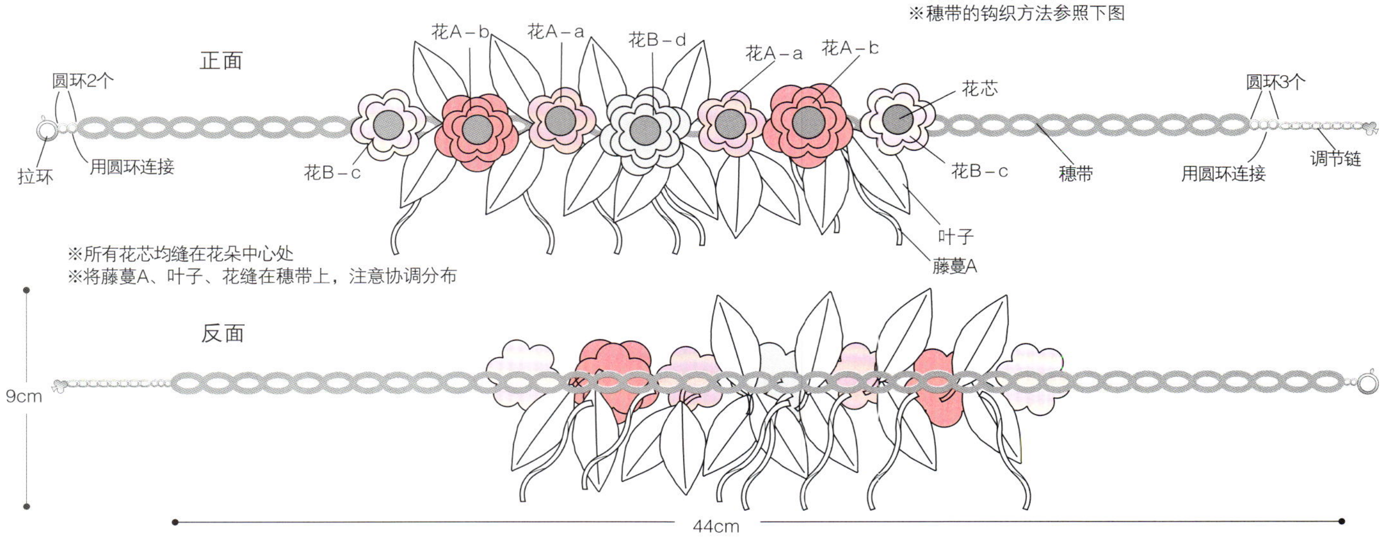

※所有花芯均缝在花朵中心处
※将藤蔓A、叶子、花缝在穗带上，注意协调分布

46 胸针的组合方法

※各花片的钩织方法参照P.55

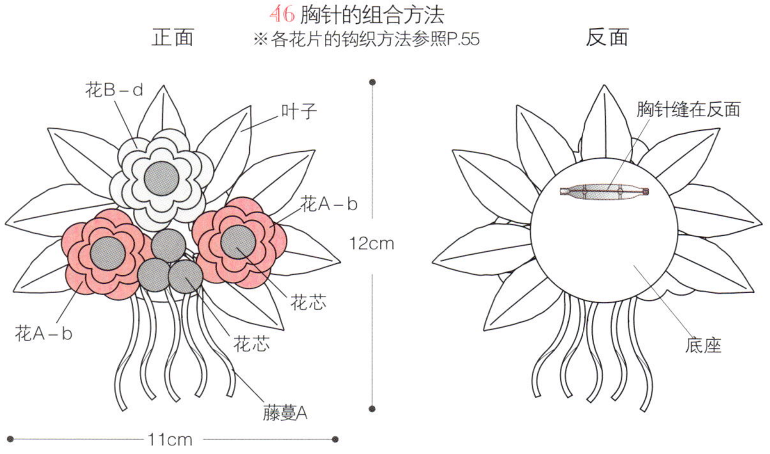

※所有花芯均缝在花朵的中心处
※将藤蔓A、叶子、花朵、花芯缝在底座上，注意协调分布

47 耳坠的组合方法

※各花片的钩织方法参照P.55

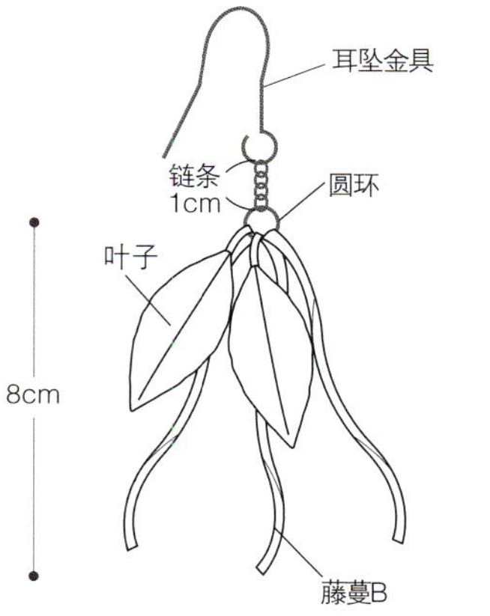

※将藤蔓B、叶子缝在圆环上，注意协调分布
※制作2个相同的耳坠

锁链 48 项链…1条

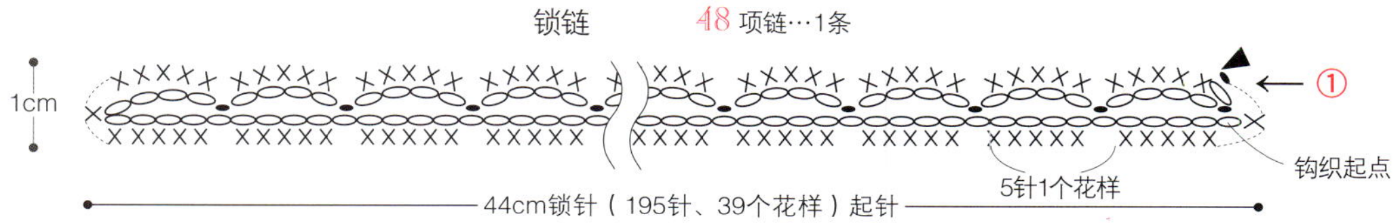

花A

a（织到第5行）48 项链…2片

b（织到第7行）48 项链…2片；46 胸针…2片

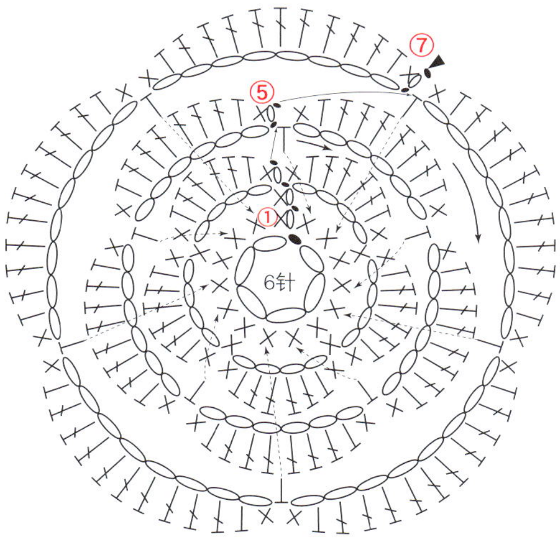

a（织到第5行）…3cm

b（织到第7行）…4cm

花B

c（织到第5行）48 项链…2片

d（织到第7行）48 项链…1片；46 胸针…1片

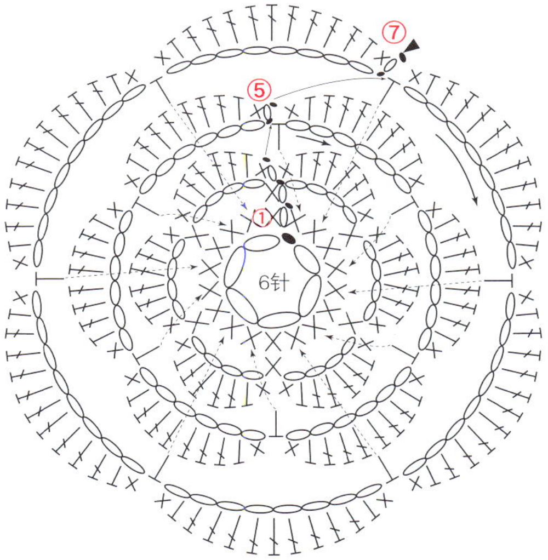

6c（织到第5行）…3.5cm

d（织到第7行）…4.5cm

※花A和花B的第4和第6行均对着织片反面钩织。中长针织在箭头所示的第1行的短针上

叶子

48 项链…13片

46 胸针…8片

47 耳坠…4片

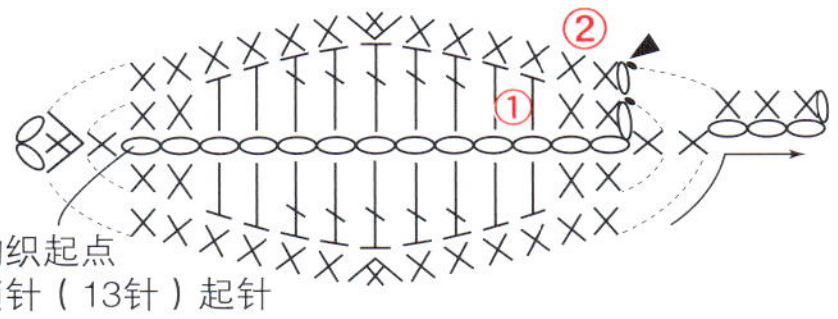

钩织起点
锁针（13针）起针

5cm

(symbol) = X⌒X

藤蔓A

48 项链…7条

46 胸针…5条

5.5cm 锁针（22针）起针

藤蔓B 47 耳坠…6条

8cm 锁针（33针）起针

花芯

48 项链…7个

46 胸针…6个

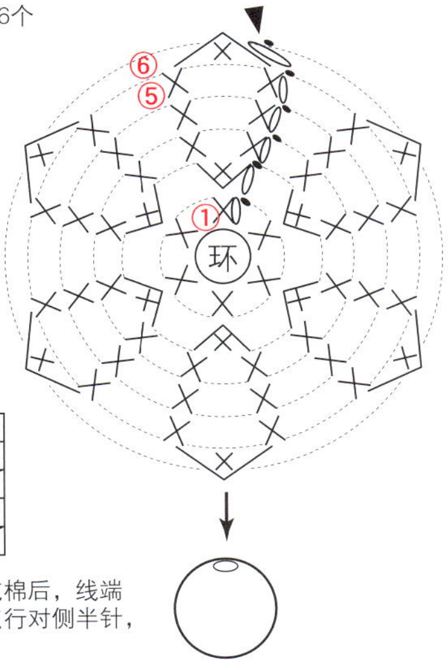

花芯针数表

行数	针数	加减针
6	6	−6
3～5	12	
2	12	+6
1	6	

※塞入填充棉后，线端穿过终点行对侧半针，并缩缝

1.2cm

底座 46 胸针…1片

※不钩织立织的锁针而是缠绕钩织

底座针数表

行数	针数	加针
10	60	+6
9	54	+6
8	48	+6
7	42	+6
6	36	+6
5	30	+6
4	24	+6
3	18	+6
2	12	+6
1	6	

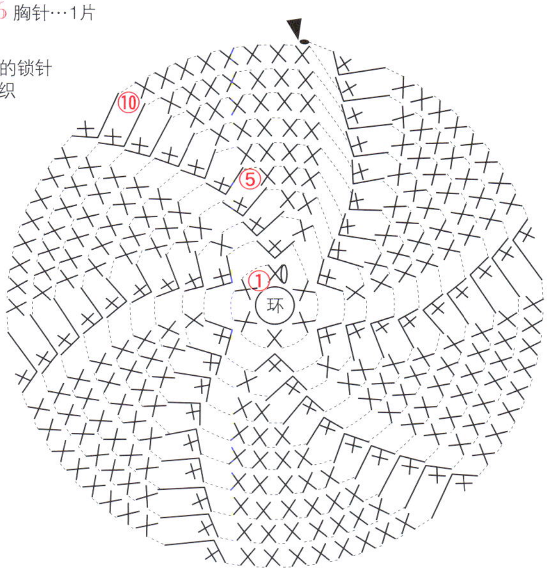

5cm

✿ 项链、耳钉

How to knit 49 — P.57 50 — P.58

Design & Knitting — 风工房

用甘菊织片组合而成的项链和耳钉，
清新秀丽、自然可爱。
和耳钉一起佩戴，
乐享轻熟、甜美的混合搭配。

分别将花朵和果实
缝在纵向钩织的底座上。
而耳钉只是简单地将甘菊缝在上面。

49

材料与工具

{线} DMC Cebelia 20号 浅驼色（ECRU）2g
{针} 蕾丝针4号
{其他材料} 耳坠金具
{成品尺寸} 2cm

制作方法

1 钩织2朵花朵。参照P.58钩织2片花芯，塞入共线后，缝合缩缝终点行。
2 花芯缝在花朵的中心处。
3 将耳坠金具粘在花朵反面的中心处。

花朵 2朵

（第2行）=短针的反拉针（参照P.95）

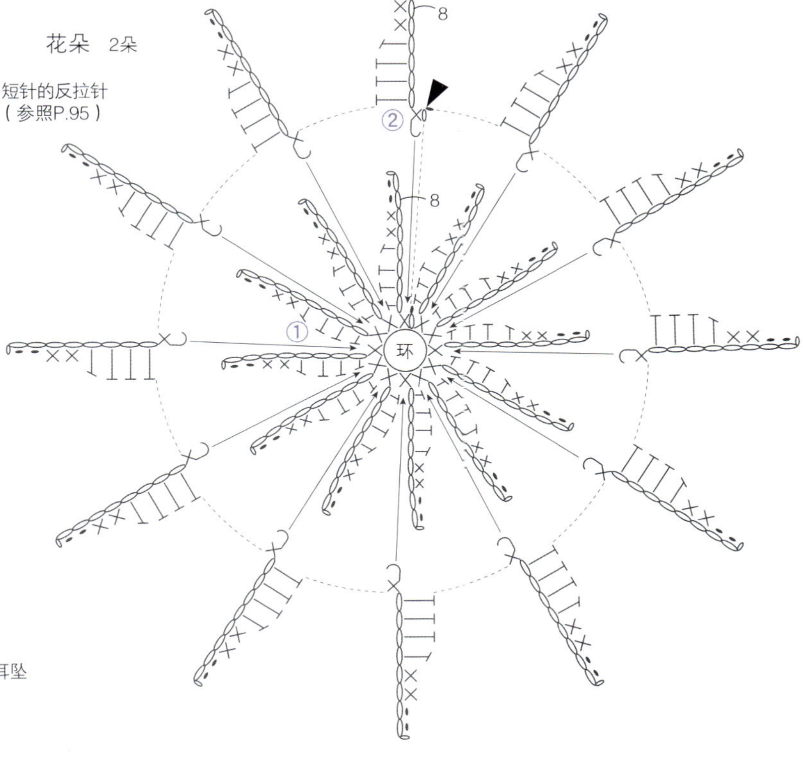

50 ✿ P.56

P.56

材料与工具

【线】DMC Cebelia 20号 浅驼色（ECRU）7g

【针】蕾丝针4号

【成品尺寸】长133cm

制作方法

1 穗带钩织180行花样。

2 用相同方法钩织16片果实、12片花芯，塞入共线后缝合拉紧第6行。

3 参照P.57钩织12片花朵，中心处缝上花芯。

4 将花朵缝在穗带上，花间缝上果实，注意协调搭配。

果实、花芯的组合方法

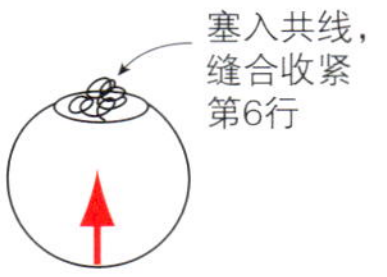

果实 16片
花芯 12片

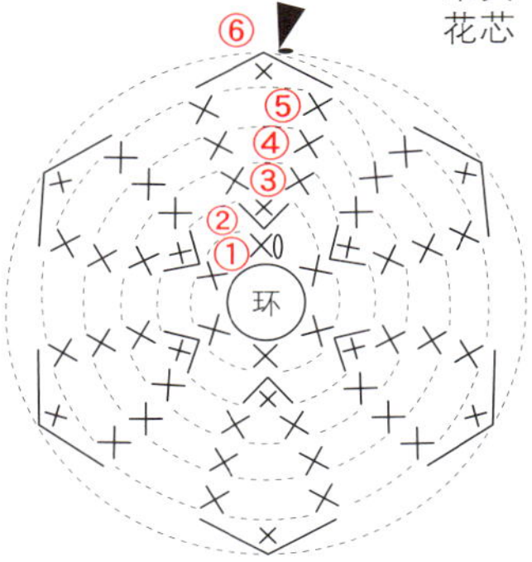

果实、花芯的针数表

行数	针数	加减针
6	6	－6
3～5	12	
2	12	＋6
1	6	

花朵 12朵

※参照P.57钩织12朵花朵，中心处缝上花芯

穗带 1条

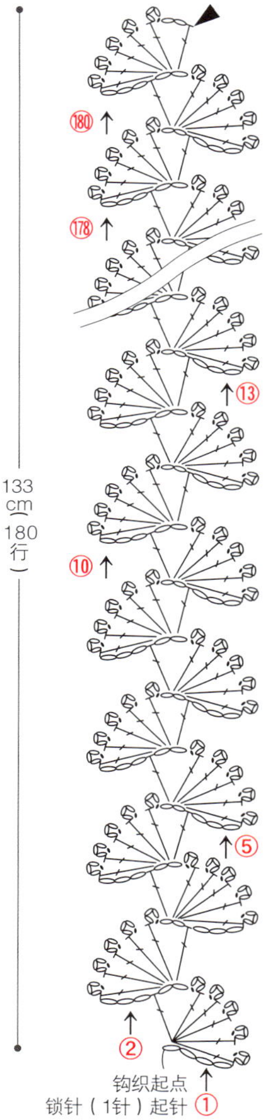

材料与工具

【线】

35

DMC Cebelia 10号 深绿色（699）7g，紫色（550）、藏青色（823）各2.5g；Babylo 10号 浅紫色（210）1.5g，亮绿色段染线（114）1g

34

DMC Cebelia 10号 藏青色（823）2g，深绿色（699）、紫色（550）各1.5g；Babylo 10号 浅紫色（210）、亮绿色段染线（114）各1g

【针】蕾丝针2号、4号

【其他材料】橡皮筋（直径5.5cm/宽0.4cm）各1个

【成品尺寸】参照图示

35的制作方法

1 根据指定长度，准备相应条数塞入果实用共线。环形起针，按照指定颜色钩织所需个数的大、小果实，塞入共线后，组合成为果实形状。

2 主体用深绿色线包裹着橡皮筋钩织3行， 第4行在指定位置接线，参照连接果实位置图，变作与主体相反的钩织方向，一边连接果实一边进行钩织。

34的制作方法

1 与35相同，钩织所需个数的果实，参照果实的组合方法图连接成一体（P.5）。

2 3针锁针起针，钩织2片叶子。

3 20针锁针起针，钩织藤蔓。

4 在橡皮筋上钩织8针短针。

5 2片叶子叠放后卷针缝缝在一起，在前面的叶子上，缝合藤蔓及按顺序重叠的果实。

35 主体　深绿色　4号针

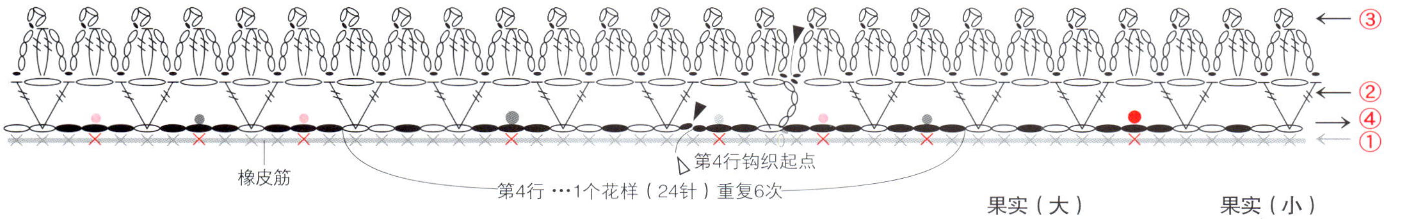

35 的第1行与果实的连接位置

（第1行）深绿色 4号针

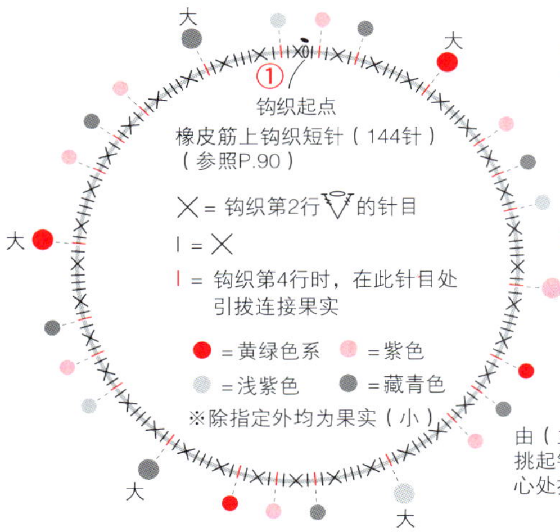

果实用线、配色表

针、线	35		34
	果实(大)	果实(小)	果实(小)
使用针	2号针	2号针	4号针
塞入共线（1个量）	55cm	35cm	33cm
黄绿色系	2个	2个	
浅紫色	1个	3个	2个
紫色	1个	7个	4个
藏青色	2个	6个	5个

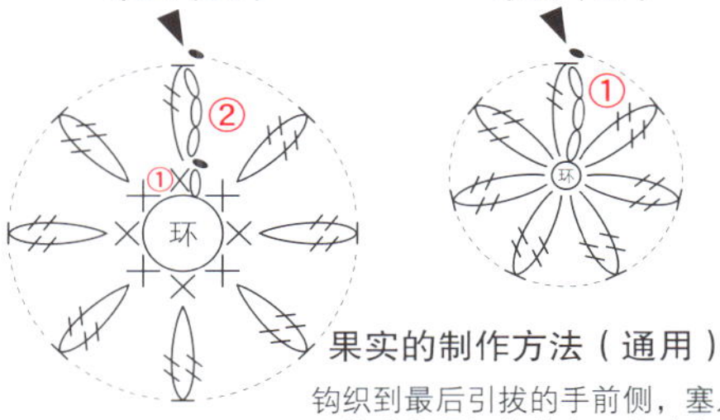

果实的制作方法（通用）

钩织到最后引拔的手前侧，塞入共线（参照织线的塞入方法）钩织最后的引拔针，预留12cm左右的线端，断线。线端穿过终点行的针目后缩缝

35 的果实连接方法

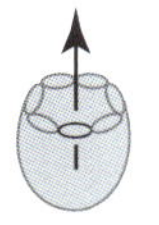

果实外侧

由（立织的相反侧）入针，挑起针目上面2股线，由中心处拉出，完成连接

34 的叶子

深绿色　2片　4号针

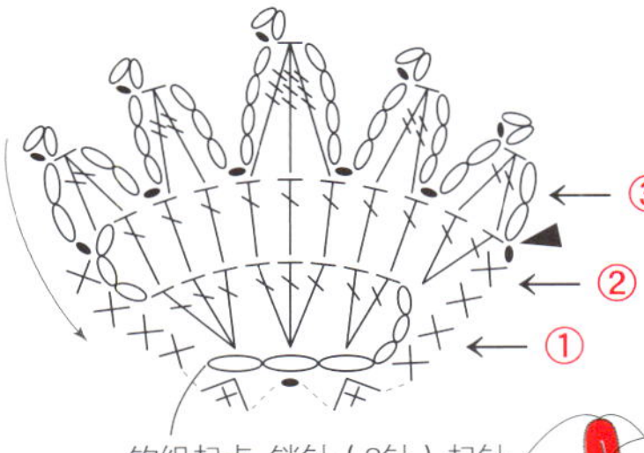

线的塞入方法

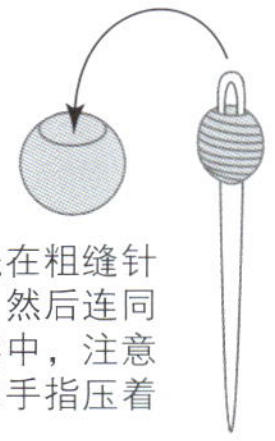

先将要塞入的织线在粗缝针上缠绕成纺锤形，然后连同缝针一起放入果实中，注意不要破坏形状，用手指压着将缝针拔出

34 的果实组合方法 叶柄的钩织方法（参照P.5） 4号针

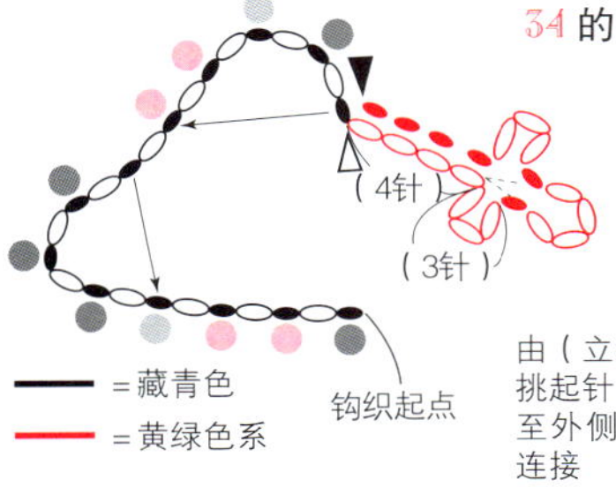

34 的果实连接方法

果实内侧

由（立织的相反侧）入针，挑起针目上面的2股线，拉至外侧，钩织引拔针完成连接

34 的藤蔓

黄绿色系　1条　4号针

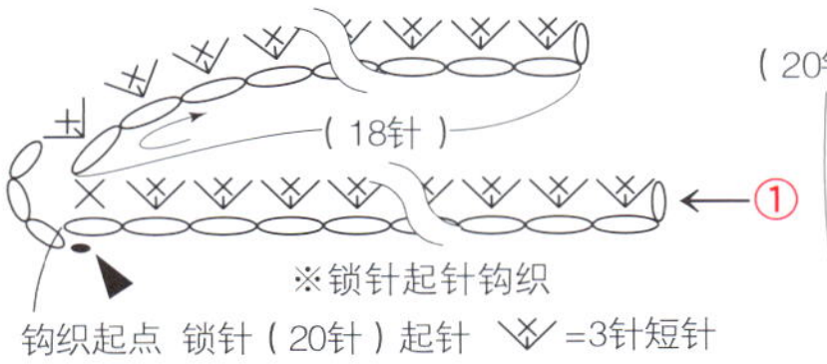

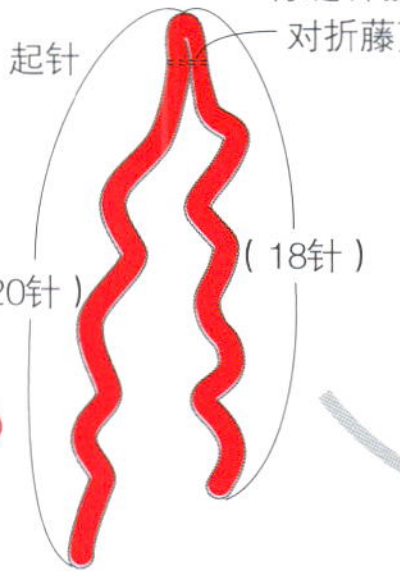

34 的底座

深绿色　4号针

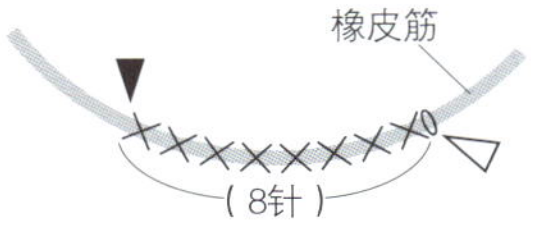

✿项链、耳坠

How to knit 51 ····· P.62 52 ····· P.63 53 ····· P.61

Design & Knitting ····· 风工房

三色堇花片组成的项链和耳坠真是惹人喜爱。
而那悄悄驻足的蝴蝶更是惹人怜爱。
两条项链一起佩戴固然美丽，但单条佩戴也不失娇媚。
那么就让我们把它们和花束般的耳坠搭配在一起装扮吧。

两条项链分别连接着花片，
而在钩织长度上略有不同。
耳坠上下垂的狗牙针娇俏可爱。

53

材料与工具

【线】DMC Cebelia 20号 浅驼色（ECRU）2g

【针】蕾丝针4号

【其他材料】耳坠金具

【成品尺寸】参照图示

制作方法

1 钩织6片花朵、2条藤蔓、2片底座。

2 将3片花朵和藤蔓缝在底座上，注意搭配协调。

3 将底座与耳坠金具粘在一起。

底座 2片

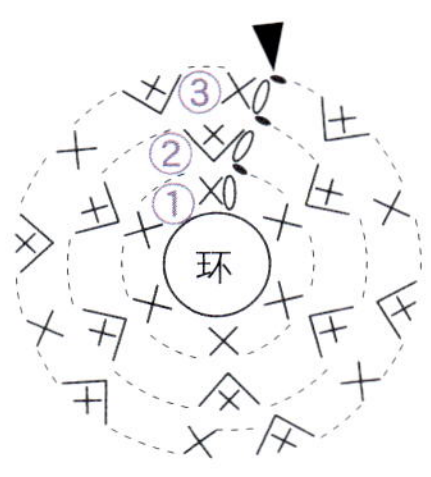

花朵 6片

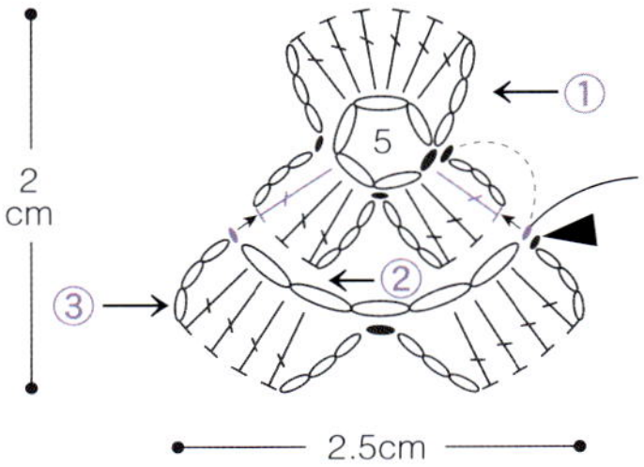

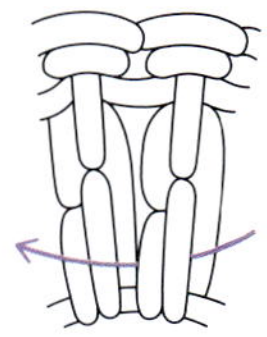

藤蔓 2条

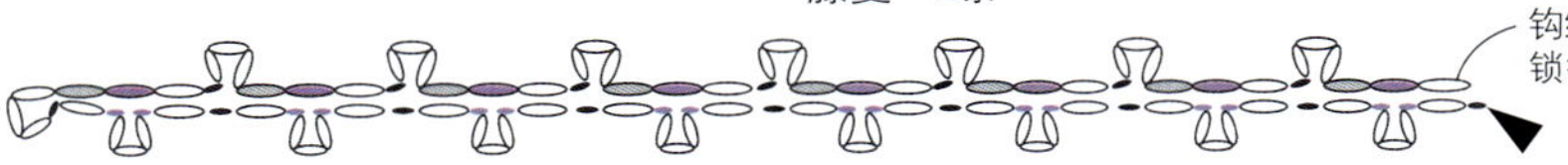

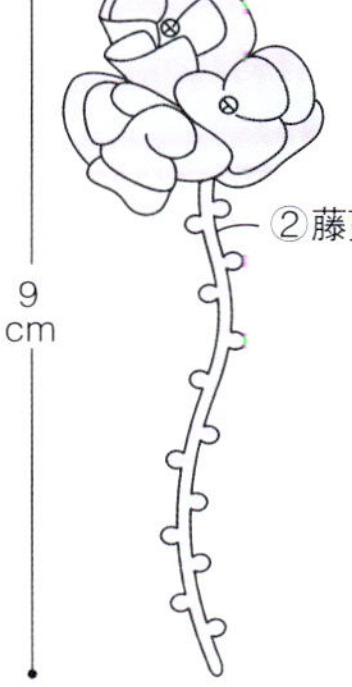

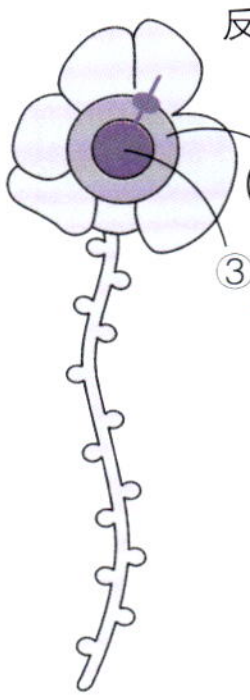

51 ✿ P.60

材料与工具

［线］DMC Cebelia 10号 浅驼色（ECRU）5g

［针］蕾丝针4号

［其他材料］纽扣（直径1.3cm）1颗

［成品尺寸］长46cm（含环圈）

制作方法

1 主体按照❶~⓯的顺序钩织连接花朵花片。从第2片开始在相邻花片的锁针上引拔连接。然后引拔至3针锁针前1行的环圈上。

2 参照P.63，线a、b均在花朵花片的起针圆环上接线钩织。线b的端头处缝上纽扣。

3 钩织蝴蝶的翅膀和身体，身体叠放在翅膀的中心处，缝合爆米花针的周边。

4 将蝴蝶缝在主体上。

花朵　※按照❶~⓯的顺序钩织连接

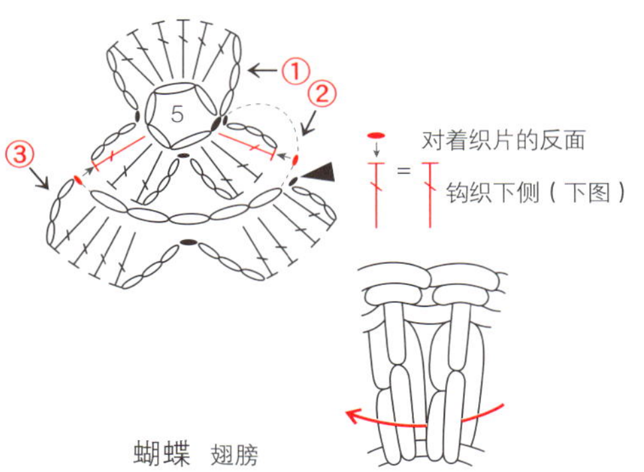

蝴蝶　翅膀

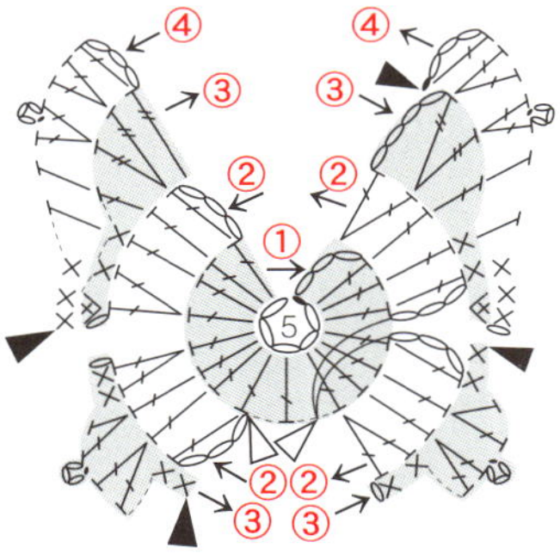

身体

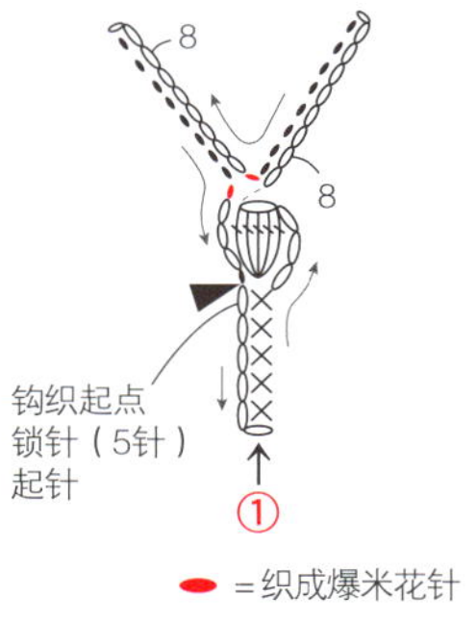

正面

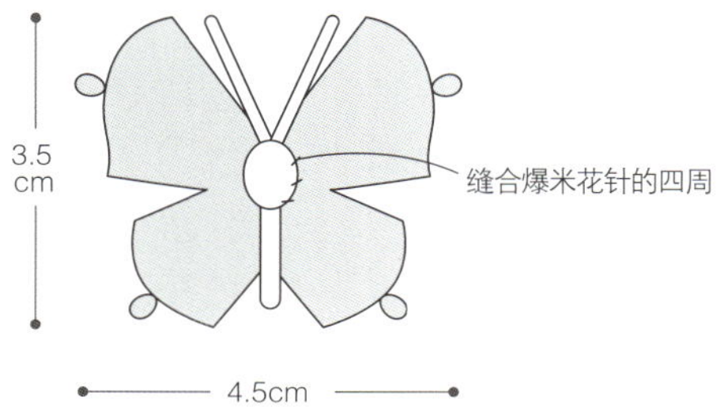

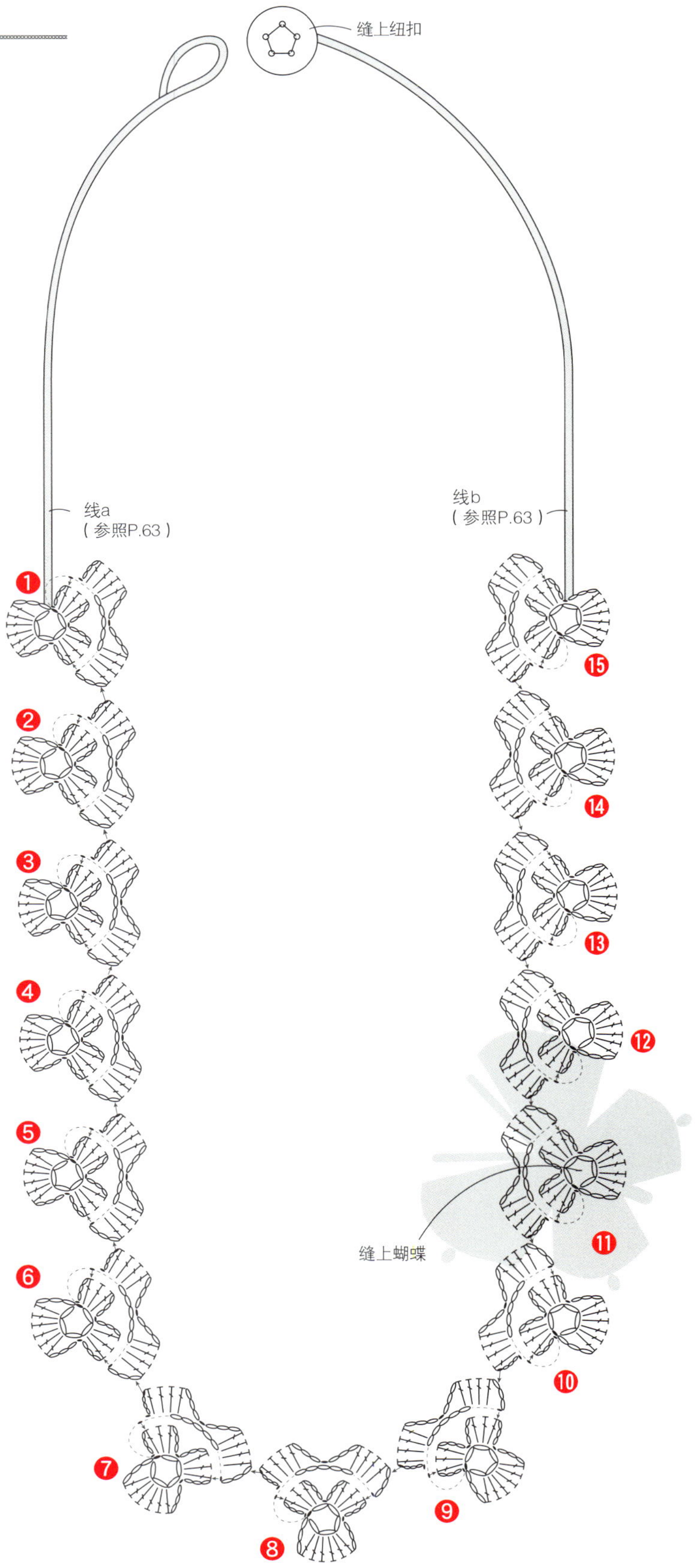

52 ✿ P.60

材料与工具

［线］DMC Cebelia 10号 浅驼色（ECRU）4g

［针］蕾丝针4号

［其他材料］纽扣（直径1.3cm）1颗

［成品尺寸］长57cm（含环圈）

制作方法

1 主体按照❶~⓳的顺序钩织连接花朵花片。从第2片开始第3行钩织终点的长针钩织4针，引拔至相邻花片的锁针上。然后继续钩织3针锁针，引拔至前一行的环圈上。

2 在花片❶的起针圆环上接线，参照图示钩织线a。用相同方法在花片⓳上接线，钩织线b，在端头处缝上纽扣。

线 a

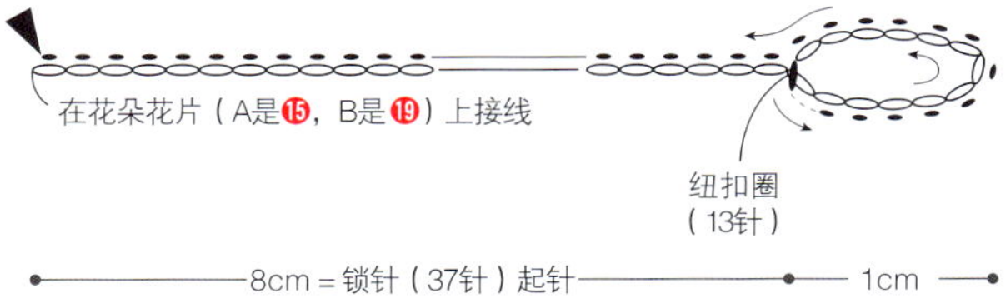

线 b

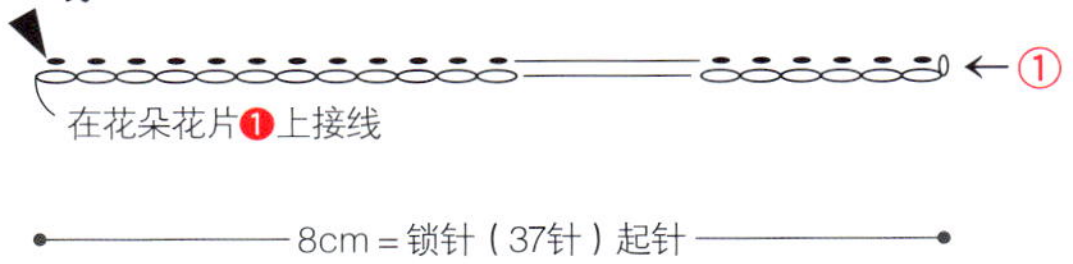

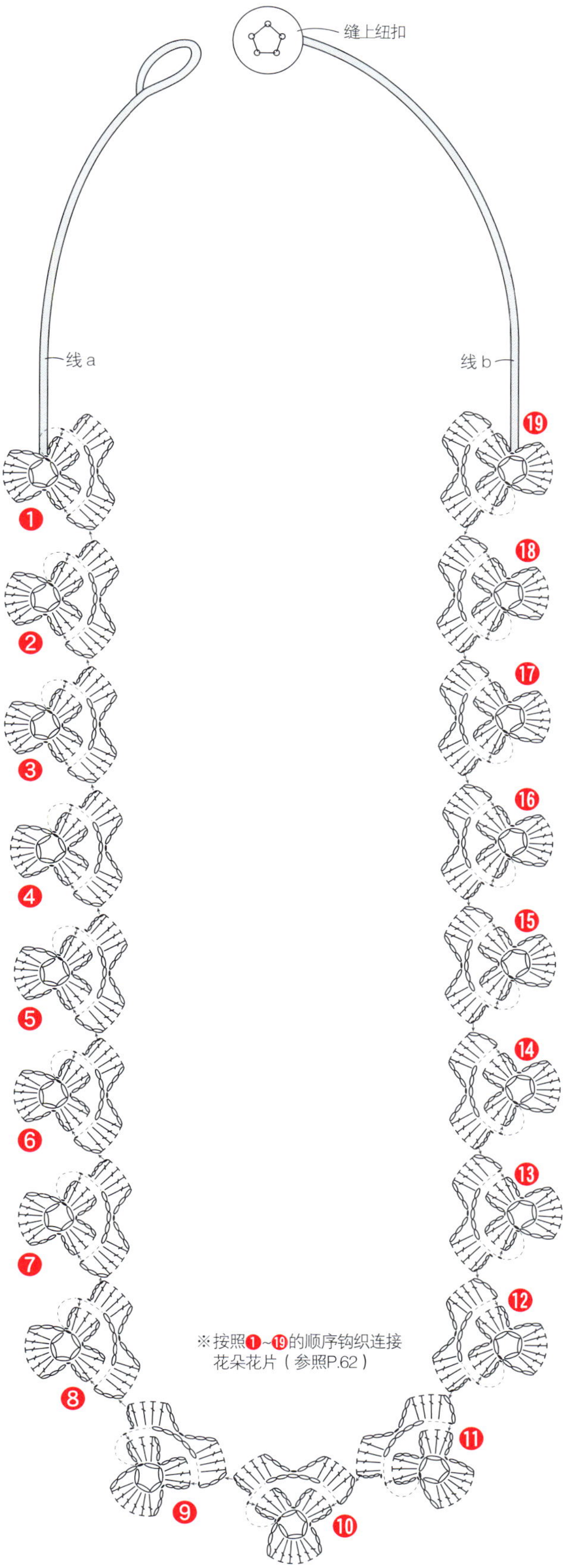

✿ 项链、发圈

How to knit 54 ···· P.65 55 ···· P.66

Design & Knitting ···· 大桥 裕

饰品之所以精致奢华
是因为钩织时手劲较紧的缘故。
当然不易变形也是其亮点之一。

54

材料与工具

［线］DMC Cebelia 10号 白色（BLANC）7g、灰驼色（3033）5g

［针］蕾丝针4号

［成品尺寸］参照图示

制作方法

1 蝴蝶结是130针锁针起针，钩织6行。然后在周边钩织1行边缘编织。织片系成蝴蝶结，为使外形完美，注意在中心处的反面固定。

2 绳子A、B均1针锁针起针，钩织枣形针。A钩织100个花样，B钩织80个花样。

3 绳子A、B的两端对齐，缝合两侧边。一端缝上枣形线球，另一端缝上纽扣圈。蝴蝶结放在绳子A、B上（放置位置参照组合方法图），并缝合。

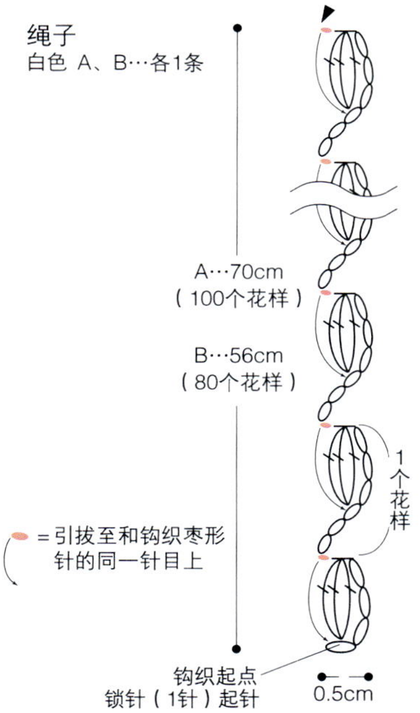

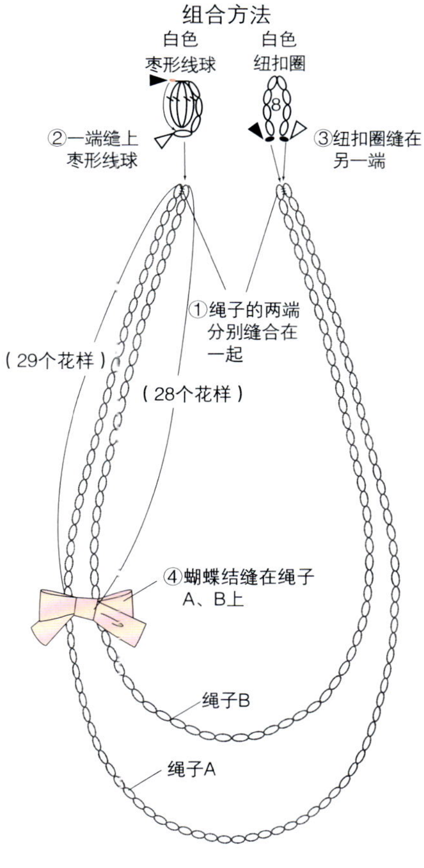

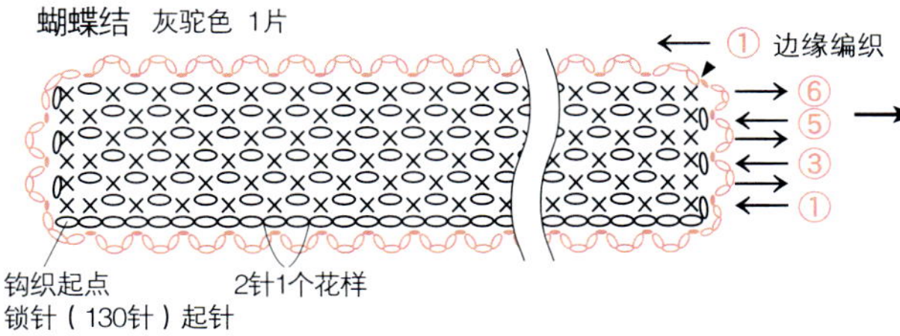

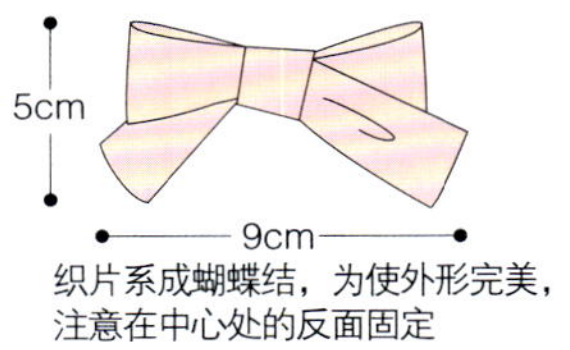

55 ✿ P.64

材料与工具

| 线 | DMC Cebelia 10号 象牙色（712）27g、灰驼色（3033）5g、白色（BLANC）1g

| 针 | 蕾丝针4号

| 其他材料 | 橡皮筋1条

| 成品尺寸 | 参照图示

制作方法

1 主体48针锁针起针，将橡皮筋包裹其间，钩织136行。

2 蝴蝶结150针锁针起针，钩织6行。然后在周边钩织1行边缘编织。织片系成蝴蝶结，为使外形完美，注意在中心处的反面固定。

3 小点缀是1针锁针起针，钩织21个花样。

4 小点缀对折后缝在主体的橡皮筋上，其上再缝合蝴蝶结。

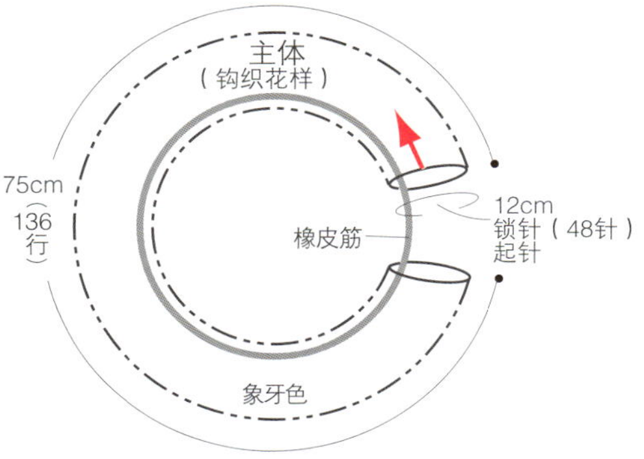

※主体环绕着橡皮筋进行钩织

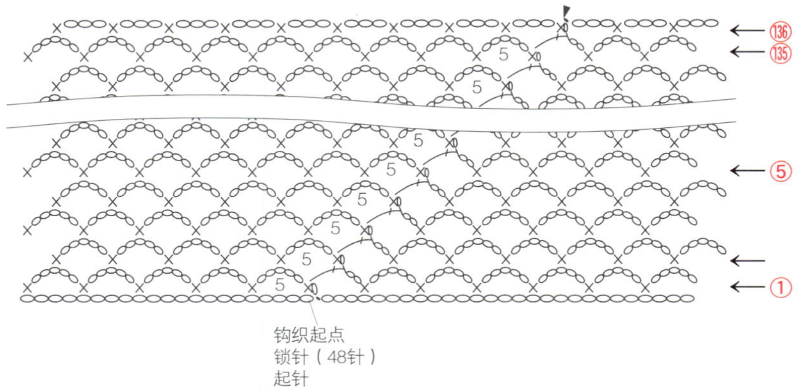

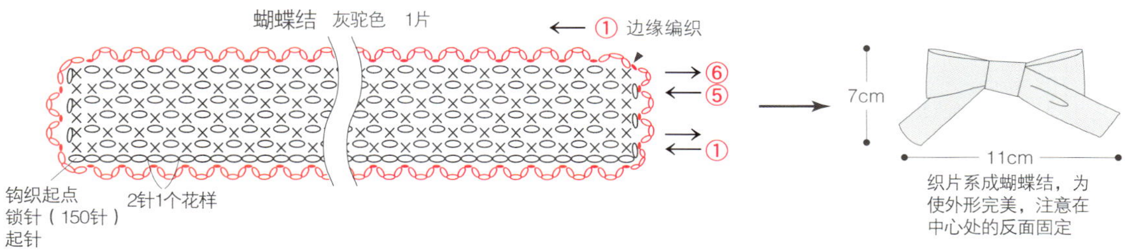

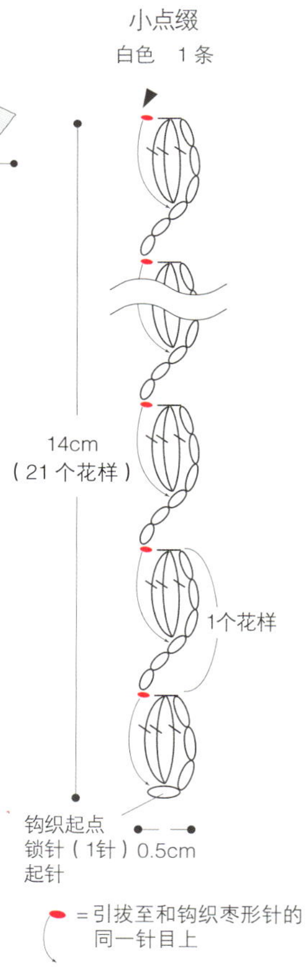

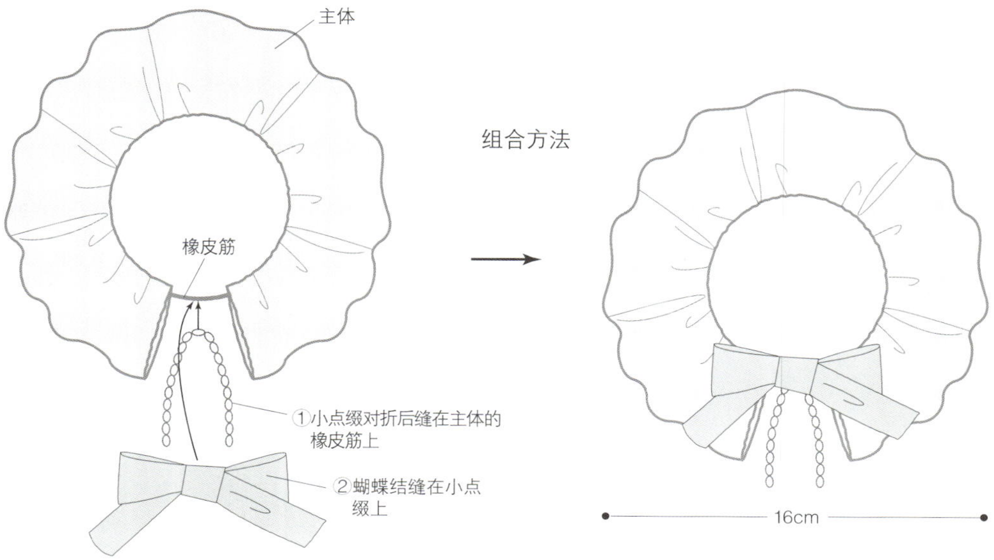

材料与工具

［线］Olympus Emmy Grande（混合）紫色系混合（M3）4g、绿色系混合（M2）2g，Emmy Grande 绿色（238）3g

［针］钩针2/0号

［其他材料］胸针（9–11–2 烟熏色）1个，填充棉 少许

［成品尺寸］参照图示

绣球花A的钩织方法

①一直钩织到绣球花A的反面（底座）第5行=a。
②一直钩织到绣球花A的正面第5行（ 部分）=b（不用断线）。
③A和B背面相对，边塞入填充棉，边钩织第6行（ 部分）。
④把B面作为正面，对着b面钩织第7行。这时，从第6行挑针钩织一圈。之后，继续钩织4针锁针，挑起第3行手前侧半针，钩织第8行，接着继续挑起第1行手前侧半针，钩织第9行。

绣球花B的钩织方法

①一直钩织到绣球花B的反面（底座）第3行=a。
②一直钩织到绣球花B的正面第3行（ 部分）=b（不用断线）。
③A和B背面相对，边塞入填充棉，边钩织第4行（ 部分）。
④把B面作为正面，对着b面钩织第5行。这时，从第4行挑针钩织一圈。之后，继续钩织4针锁针，挑起第1行手前侧半针，钩织第6行。

绣球花A的正面

紫色系混合

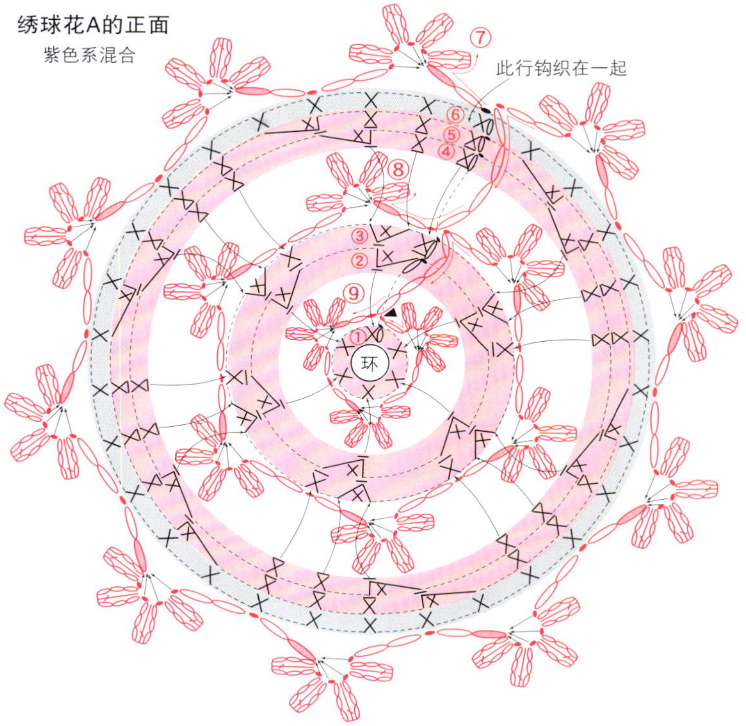

= 在此针目上钩织引拔针

绣球花B的正面

绿色系混合

⨯ = 短针的条纹针

= 在此针目上钩织引拔针

绣球花A的反面（与底座相同）

紫色系混合
底座的钩织方法参照P.39，
一直钩织到第5行

绣球花B的反面（与底座相同）

绿色系混合
底座的钩织方法参照P.39，
一直钩织到第3行

所需花片

绣球花A的正面 绣球花A的反面（底座） 绣球花B的正面 绣球花B的反面（底座） 叶子A、叶子A'，叶子B、叶子B'	各1片

叶子 A、A' 绿色

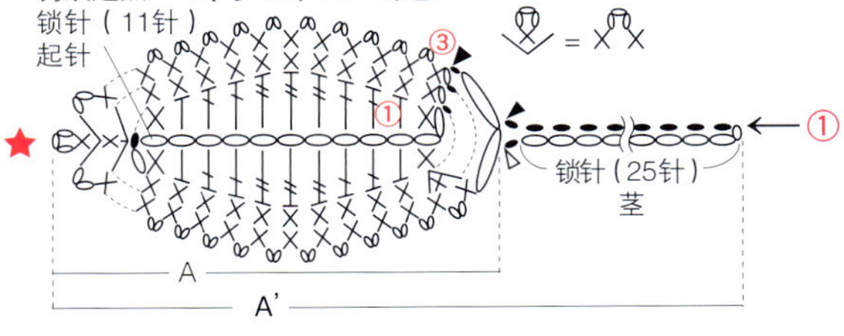

叶子 B、B' 绿色

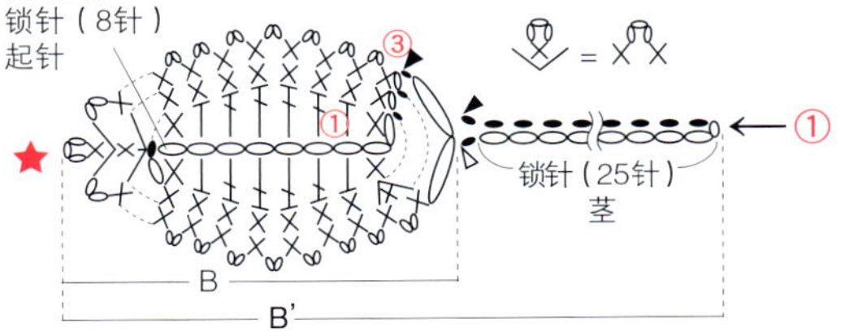

组合方法

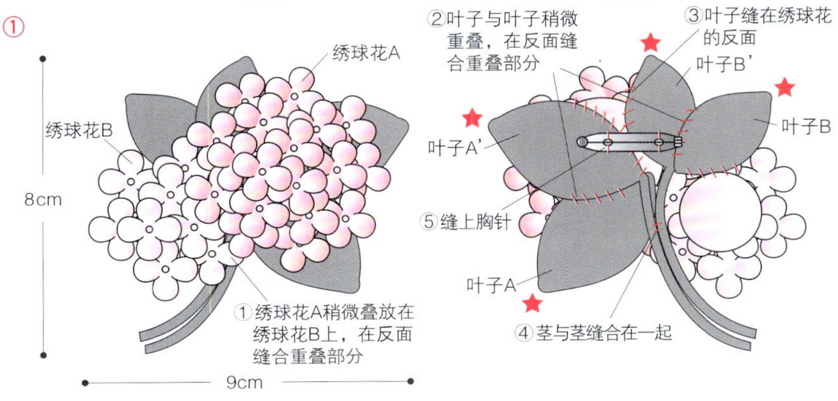

PART 4 五颜六色的花朵饰品

用一支钩针和五彩织线便可描绘出五颜六色的花田。
而花田中的花朵饰品是那么的缤纷、绚烂。

郁金香胸针

How to knit 56 — P.70 57、58 — P.71 59 — P.19

Design & Knitting — 松本薰

红色、粉色，还有黄色的郁金香花真是多姿多彩，
优雅美丽，令人为之惊艳……

插入小瓶中，
成为提亮房间的点缀。

与餐具搭配在一起，
尽显款待盛情。

郁金香通用

郁金香外侧花瓣

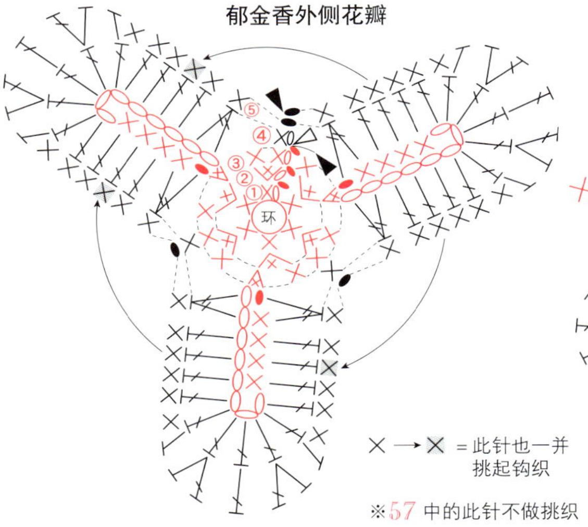

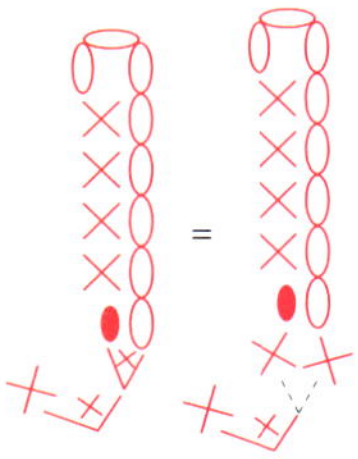

叶子

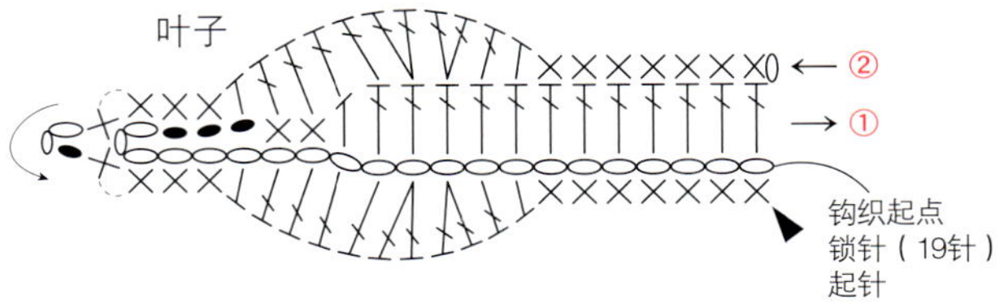

郁金香的组合方法

1. 铁丝穿过内侧花瓣中心，并弯折固定。
2. 铁丝先穿过外侧花瓣中心，再穿入茎。

郁金香内侧花瓣

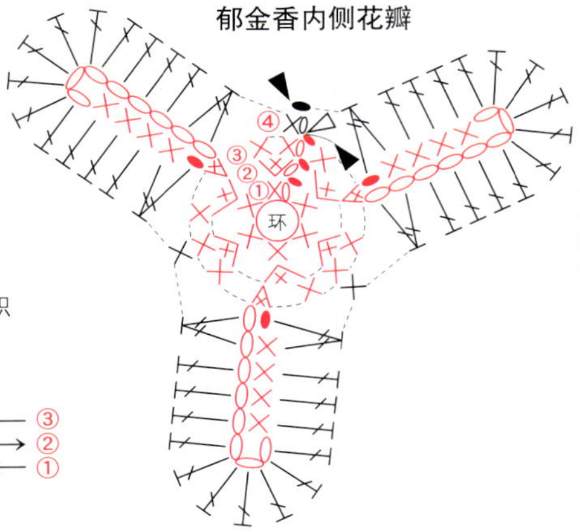

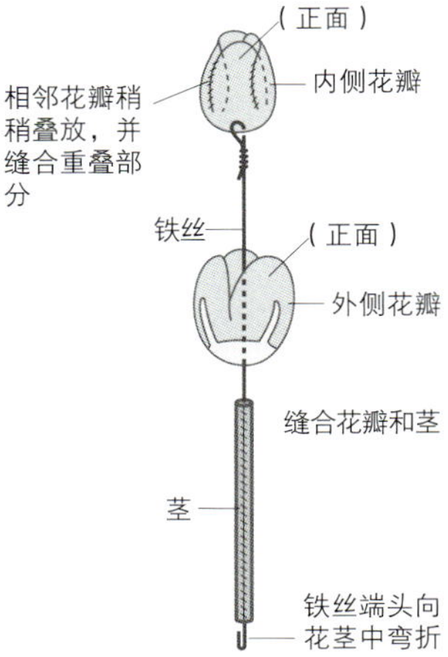

58、59 的茎

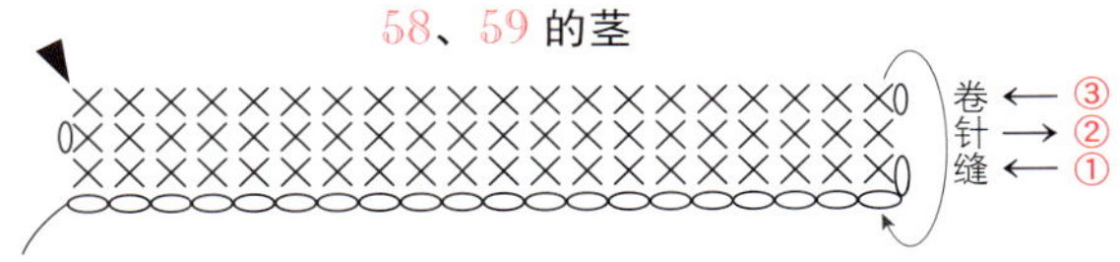

※织片背面相对，挑起起针和第3行短针上面的2股线，卷针缝缝合成筒状

56 P.68

材料与工具

［线］Olympus Emmy Grande 黄绿色（243）2g，Emmy Grande（Herbs）红色（190）3g，Emmy Grande（Colors）原色（804）3g、绿色（265）1g

［针］蕾丝针0号

［其他材料］胸针（9-11-2 烟熏色）1个，花用铁丝（26号）约12cm 3根

［成品尺寸］参照图示

所需花片

郁金香的
- 内侧花瓣…1片
- 外侧花瓣…1片

郁金香的茎…1条
铃兰的花…5个
铃兰的茎…2条
叶子…1片

※参照郁金香的组合方法组合1朵花

郁金香的茎 黄绿色

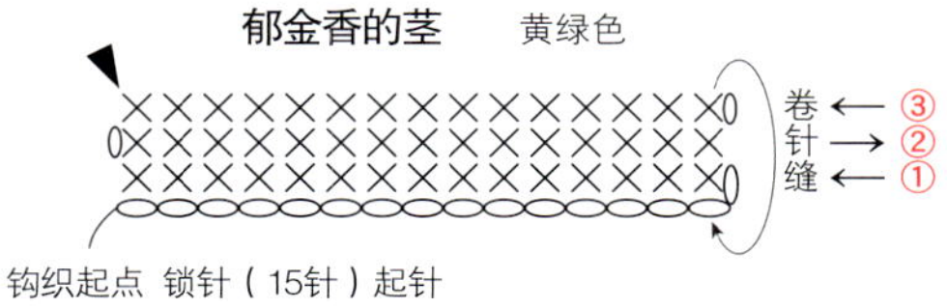

※织片背面相对，挑起起针和第3行短针上面的2股线，卷针缝缝合成筒状

铃兰的茎 黄绿色

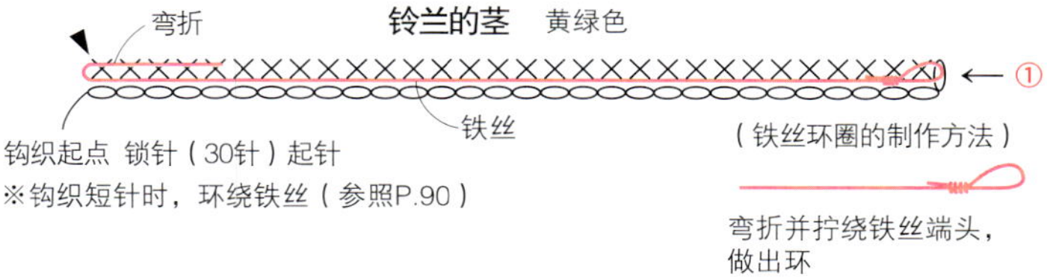

※钩织短针时，环绕铁丝（参照P.90）

铃兰花

原色

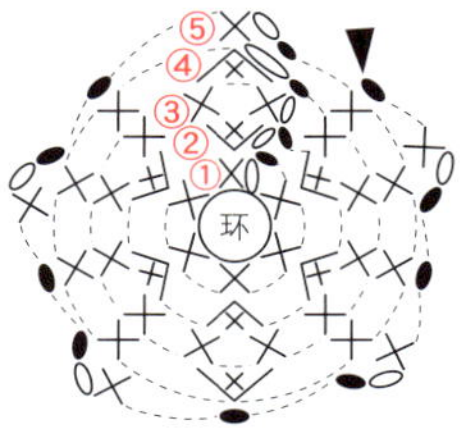

※钩织起点预留7~8cm织线，然后做环形起针

组合方法

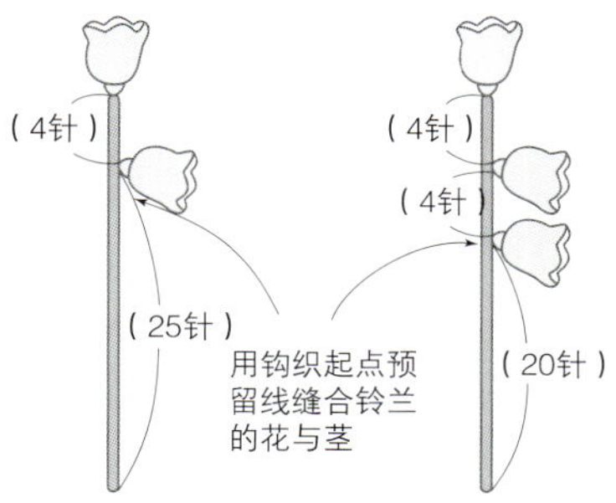

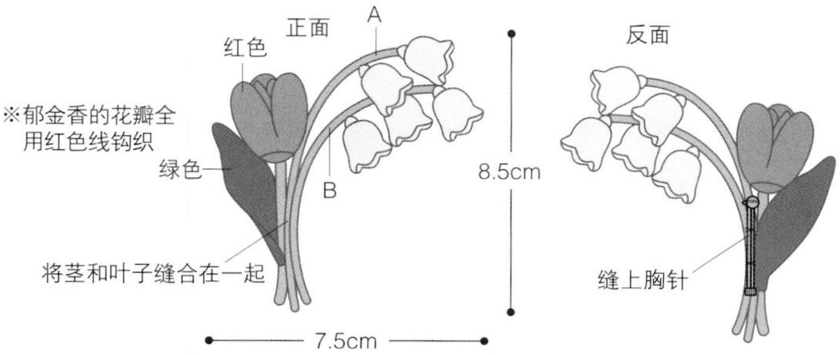

57 ✿ P.68

材料与工具

【线】Olympus Emmy Grande（Herbs）珊瑚粉色（119）、红梅色（141）各5g，黄绿色（273）3g，浅驼色（732）2g

【针】蕾丝针0号

【其他材料】胸针（9–11–2 烟熏色）1个，填充棉 少许

【成品尺寸】参照图示

所需花片

外侧花瓣A、B…各2片
花芯A、B…各2个
叶子…4片
底座…1片

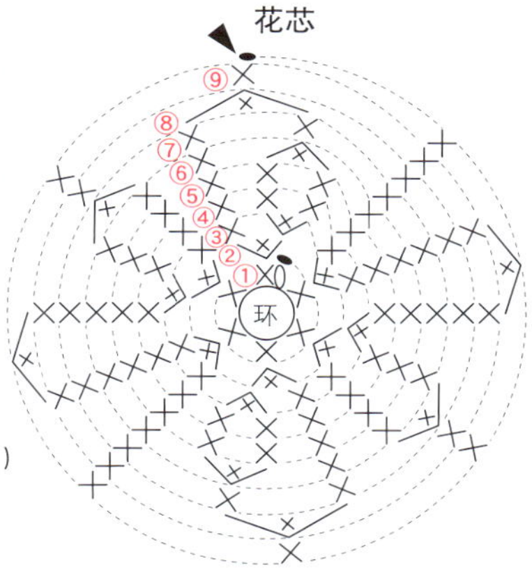

底座 黄绿色

底座的钩织方法参照P.39。一直钩织到第6行

外侧花瓣配色表
（钩织方法参照P.70）

行数	A	B
4、5	红梅色	珊瑚粉色
1～3	浅驼色	浅驼色

※花瓣分别用第4、5行的颜色钩织

叶子 黄绿色 4片

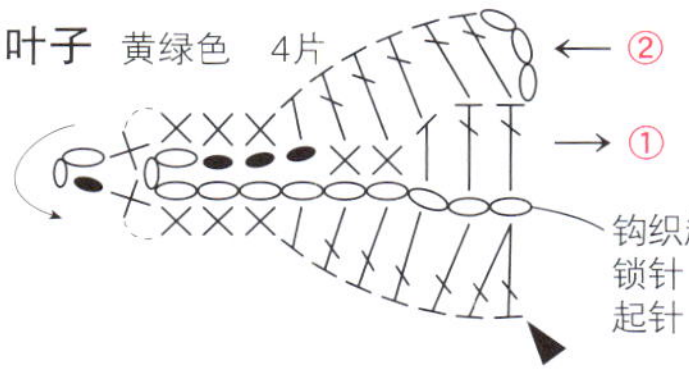

组合方法

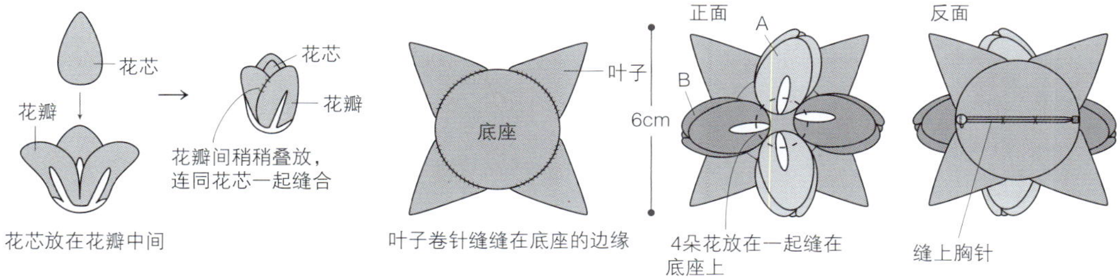

※第2行以后不再钩织立织的锁针，仅做缠绕钩织

※钩织终点塞入填充棉，织线穿过终点行的针目后缩缝

58 ✿ P.68

材料与工具

【线】Olympus 金票40号蕾丝线（浓淡渐变）粉红色系浓淡渐变（71）3g，Emmy Grande 深粉色（104）3g、黄绿色（243）1g，Emmy Grande（Herbs）黄绿色（273）、浅驼色（732）各1g

【针】蕾丝针0号

【其他材料】胸针（9–11–2 烟熏色）1个，花用铁丝（26号）约12cm 2条

【成品尺寸】参照图示

所需花片

内侧花瓣…2片
外侧花瓣…2片
茎…2条
叶子…1片

郁金香内侧花瓣

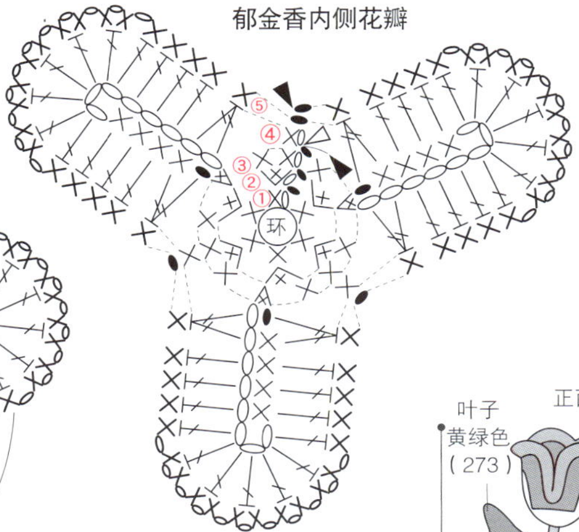

郁金香外侧花瓣

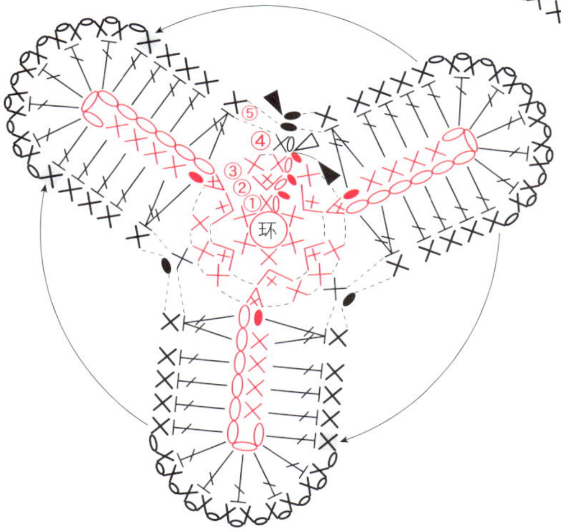

× → × ＝此针也一并挑针钩织

花瓣配色表

行数	外侧花瓣	内侧花瓣
5	粉红色系浓淡渐变	粉红色系浓淡渐变
4	深粉红色	深粉红色
1～3	浅驼色	

※粉红色系浓淡渐变线2股线一起钩织

※茎、叶子的钩织方法参照P.70

※参照P.70郁金香的组合方法组合2朵花

组合方法

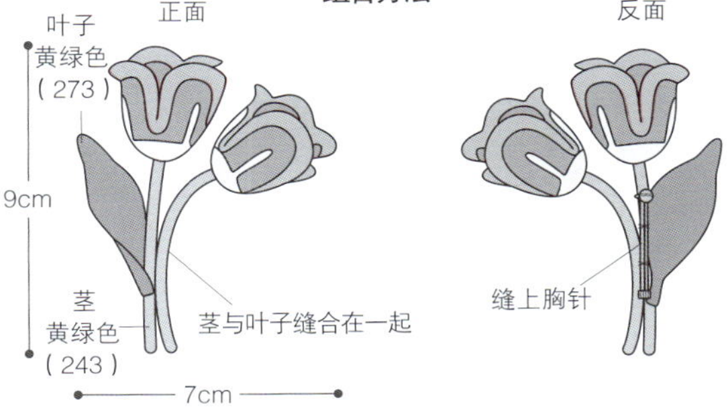

60
花簇胸针

61
发绳

62
发卡

63
发圈

缤纷绚烂的花朵饰品

How to knit 60、63 — P.74 61、62 — P.75
Design & Knitting — 冈麻里子

多层花逐行变化颜色凸显立体质感。
花瓣的浓淡渐变娇柔自然。

（双绣球花）

（单绣球花）

绣球花胸针

How to knit 64 ····· P.67　65 ····· P.88
Design & Knitting ····· 冈麻里子

多雨的季节里，亮丽的绣球花令人赏心悦目。
段染线钩织的花瓣，
色彩变化妙不可言。

佩戴盛开的绣球花，
心情也会不由得清爽舒畅……

60 P.72

材料与工具

【线】DMC 25号刺绣线 绿色系（469）、砖红色系（3778）、驼色系（822）各1束，驼色系（422）、（437）、（612）、（3774）、（676）、（ECRU）和蓝色系（927）、灰色系（3072）、绿色系（524）、茶色系（402）、黄色系（745）各0.5束

【针】蕾丝针0号

【其他材料】胸针（9-11-2 烟熏色）1个，纸绳 约100cm

【成品尺寸】参照图示

花C 配色表

第1行	第2~4行	第5行	第6行	第7行
745	422	524	927	ECRU

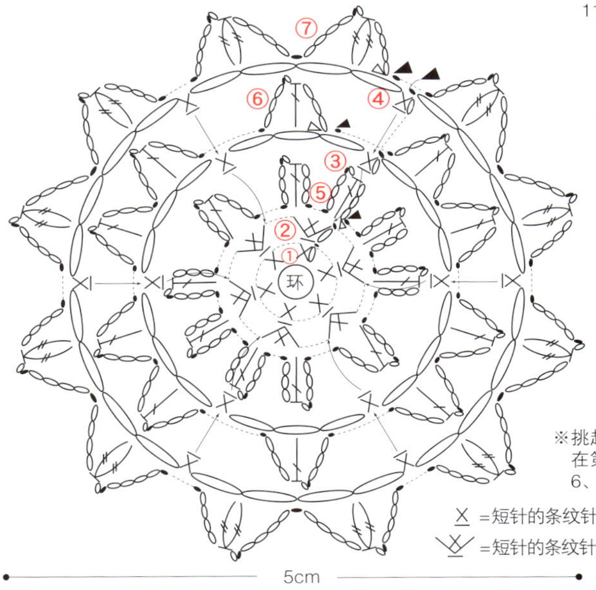

※挑起第2行手前侧的半针钩织第5行。
在第3、4行钩织的锁针上，换作第6、7行的色线，钩织花瓣

X =短针的条纹针

=短针的条纹针（织入2针）

组合方法

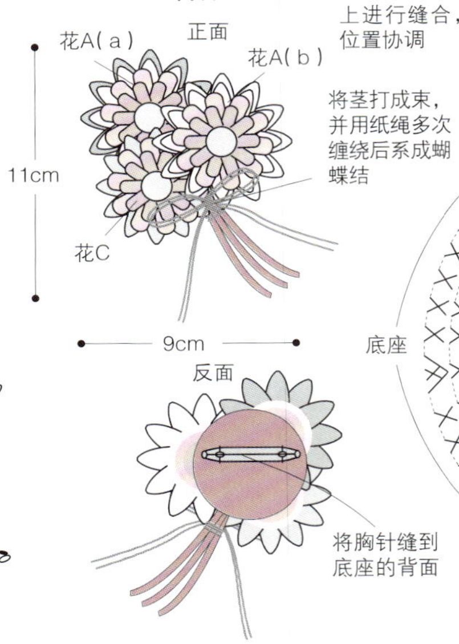

※花A、花C放在底座上进行缝合，注意位置协调

底座、茎

469

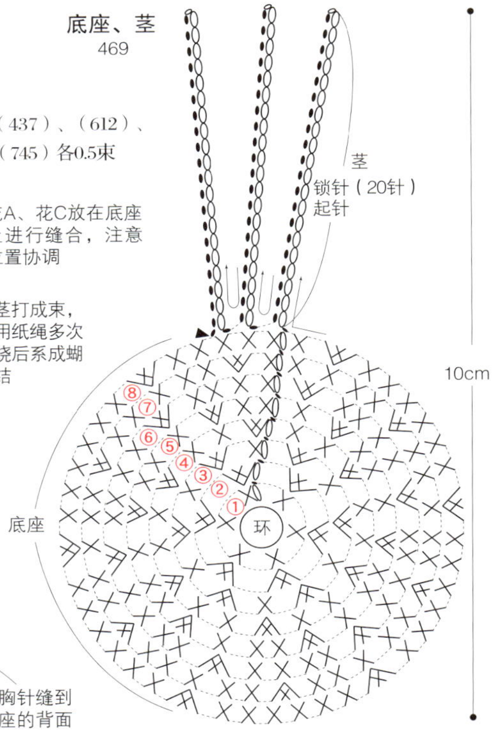

花A a、b…各1片

※61（参照P.75）钩织方法相同

配色表

	第1行	第2~5行	第6行	第7行	第8行	第9行
a	676	612	402	437	3774	3778
b	745	422	524	927	3072	822

63 P.72

材料与工具

【线】DMC 25号刺绣线 驼色系（ECRU）3.5束；黄色系（746）、（3078），绿色系（3012）、（3013），驼色系（738），紫色系（3041）各0.5束

【针】蕾丝针0号

【其他材料】橡皮筋（外径5.5cm/粗0.4cm）1个

【成品尺寸】参照图示

花C

a、b…各1片 ※与60钩织方法相同

配色表

	第1行	第2~4行	第5行	第6行	第7行
a	3078	738	3012	3013	3041
b	3078	738	3013	3012	746

组合方法

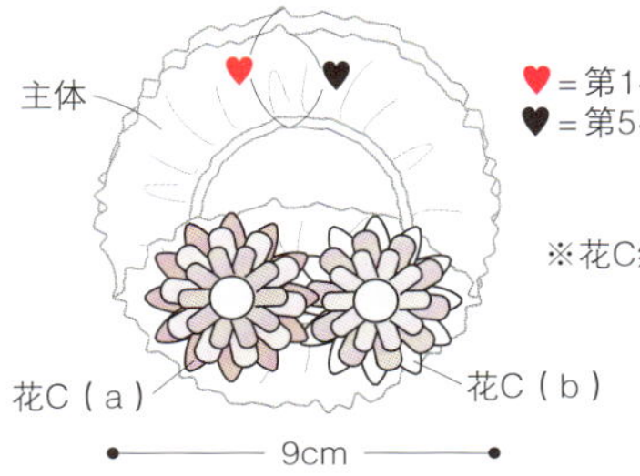

♥=第1~4行（下侧褶边）
♥=第5~7行（上侧褶边）

※花C缝在2层褶边之间

主体

ECRU

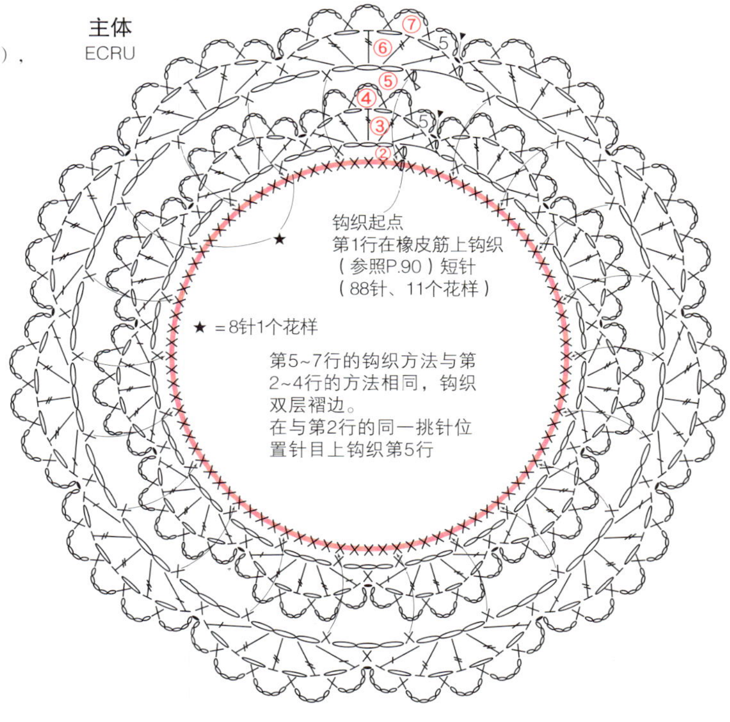

61 ✿ P.72

材料与工具

【线】DMC 25号刺绣线 驼色系（822）、蓝色系（931）各1束，浅蓝色系（927）、灰色系（3072）、驼色系（422）、黄色系（745）、绿色系（524）各0.5束

【针】蕾丝针0号

【其他材料】橡皮筋（粗0.2cm）1个

【成品尺寸】参照图示

※花A的第6行是要挑起第2行手前侧的半针进行钩织。
在第3、4、5行完成的短针上，变化颜色钩织第7、8、9行，完成花瓣

※花B的第5行是要挑起第2行手前侧的半针进行钩织。
在第3、4行完成的锁针上，变化颜色钩织第6、7行，完成花瓣

花A

配色表

第1行	第2~5行	第6行	第7行	第8行	第9行
745	422	524	927	3072	931

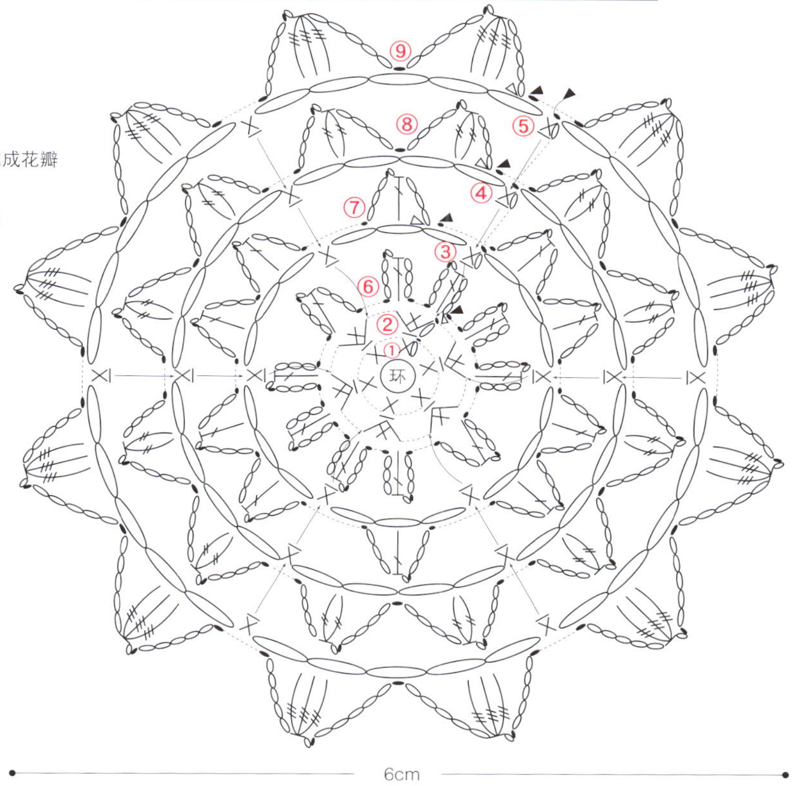

花B

配色表

第1行	第2~4行	第5行	第6行	第7、8行
745	422	927	931	822

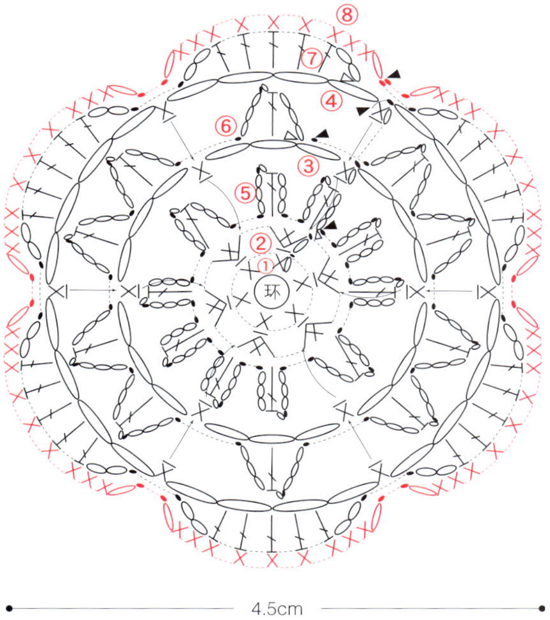

X̬̬（第2行）=短针的条纹针（织入2针）

X̲ =短针的条纹针

组合方法

62 ✿ P.72

材料与工具

【线】DMC 25号刺绣线 红豆色系（3726）1束，粉红色系（316）、（818）和驼色系（613）、（3046）各0.5束

【针】蕾丝针0号

【其他材料】发卡（长5.5cm）1个

【成品尺寸】参照图示

花 1片 ※与61的花B钩织方法相同

配色表

第1行	第2~4行	第5行	第6行	第7、8行
3046	613	316	818	3726

组合方法

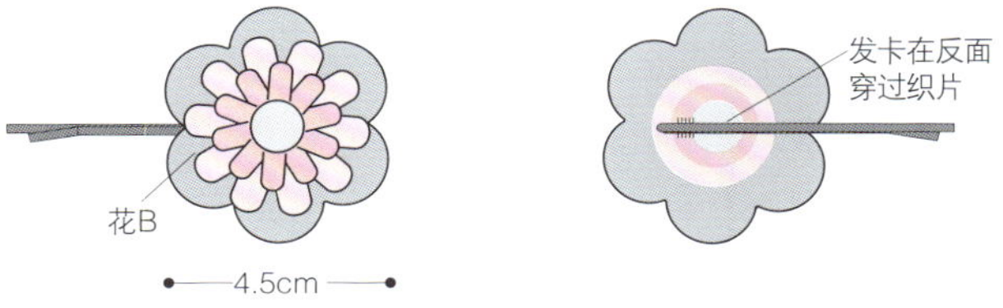

✿ 太阳花手链、太阳花胸针

How to knit ····· P.78 Point Lesson ····· P.7

Design & Knitting ····· 松本薰

太阳花热情绽放着长长的花瓣。
柔美的配色令人恬静、平和。

66

67

✿ 绣球花胸针、绣球花发圈

How to knit …… P.79　Point Lesson …… P.7

Design & Knitting …… 冈麻里子

盛开着朵朵娇俏小花的绣球花。
清新亮丽的色彩
契合淑女的气质。

68

69

66 ✿ P.76 Point Lesson - P.7

材料与工具

【线】Olympus Emmy Grande（Herbs）黄色系（560）3g、茶色系（777）少许，Emmy Grande 绿色系（243）2g、黄色系（521）少许

【针】蕾丝针0号

【其他材料】TOHO 钥匙扣（9-3-19 金色）1套，圆环（直径10mm）（9-6-7 金色）1个，填充棉 适量

【成品尺寸】参照图示

主体的钩织方法（参照P.7）

①参照图1，一直钩织到1~3行。然后参照图2、图3，分别挑起指定行数手前侧的1根横线（半针），钩织主体的第4、5行。

②第6行的 ┬ 、V 均是挑起主体第3行余下的对侧1根横线（半针）和花萼的终点行2根横线（1针）进行钩织。其间，花萼里塞入填充棉。

③钩织第7行花瓣。将第7行花瓣压向手前侧，钩织第8行花瓣。钩织要领与第7行相同。

图3：主体第5行

黄色系（560）

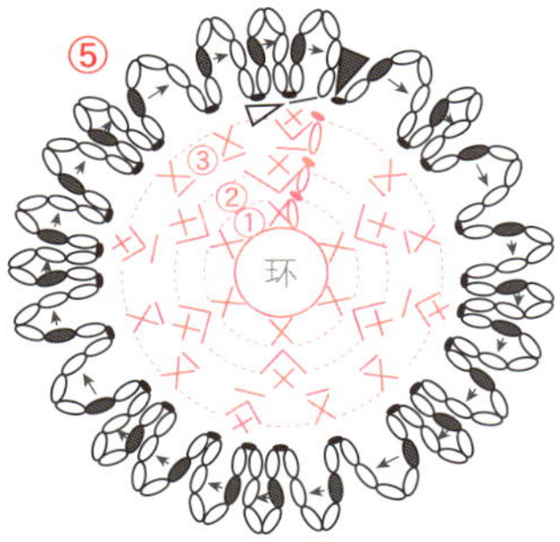

※挑起主体第3行余下的手前侧1根横线（半针）进行钩织（参照P.7）

图2：主体第4行

黄色系（521）

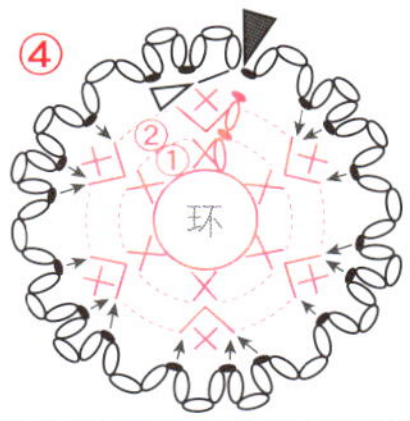

※挑起主体第2行余下的手前侧1根横线（半针）进行钩织（参照P.7）

图1：主体（1~3、6~8行）

—— = 茶色系
—— = 黄色系（560）

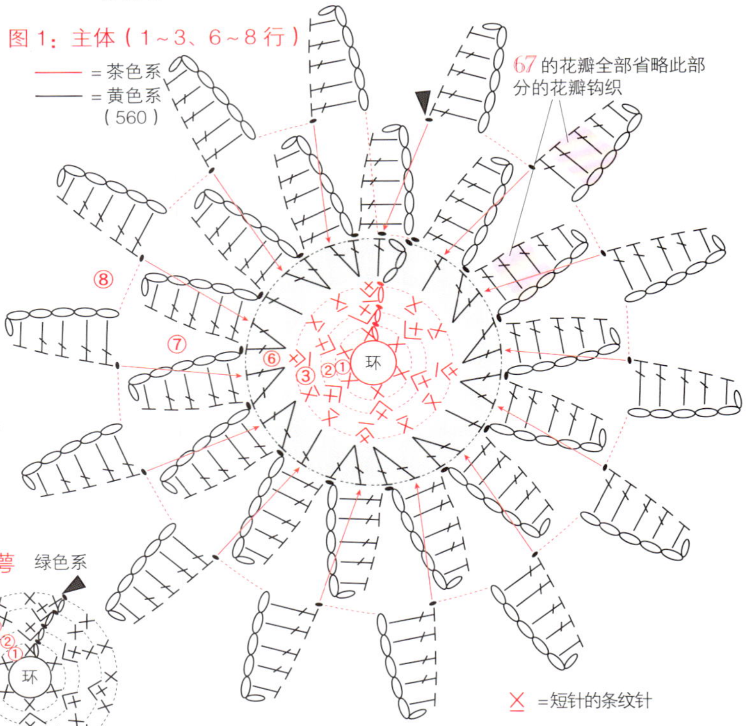

╳ =短针的条纹针

茎 绿色系

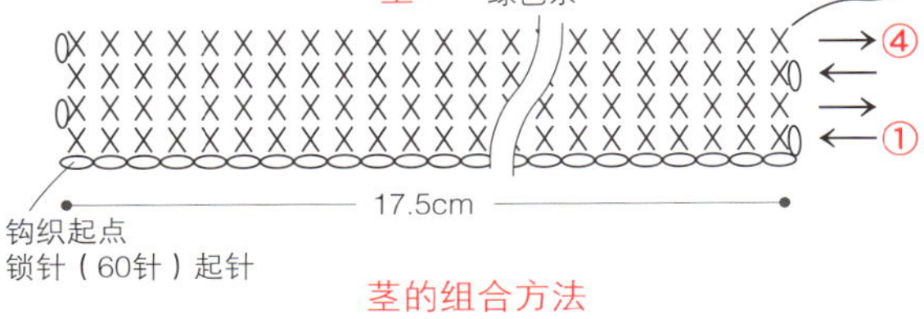

花萼 绿色系

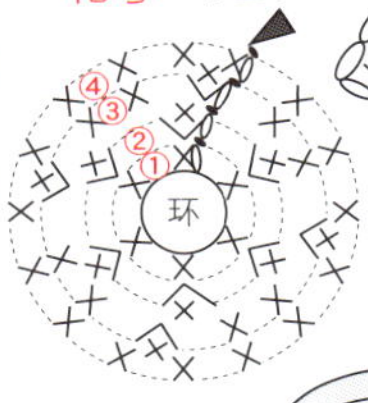

茎的组合方法

织片背面相对，挑起起针锁针和第4行短针的外侧1根横线（半针），用卷针缝合成筒状

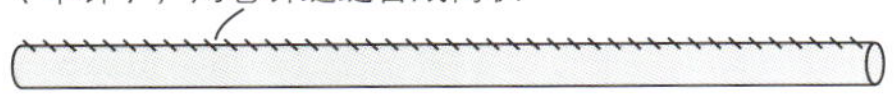

组合方法

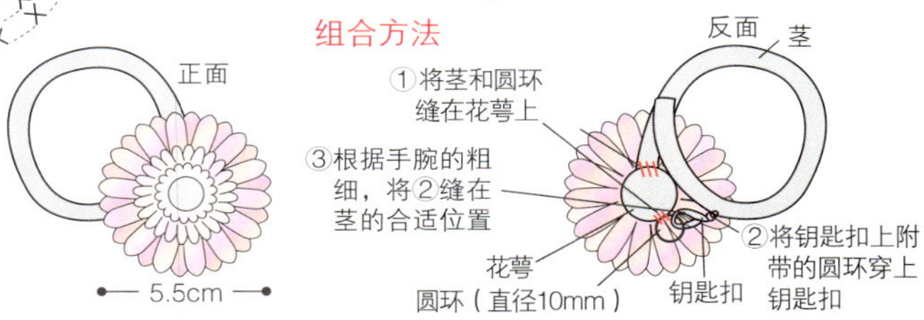

67 ✿ P.76

材料与工具

【线】Olympus Emmy Grande 粉红色系（111）4g，Emmy Grande（Herbs）粉红色系（119）、粉红色系（141）各4g，绿色系（273）3g，茶色系（777）1g

【针】蕾丝针0号

【其他材料】TOHO 胸针（9-11-8 银色）1个，填充棉 适量

【成品尺寸】参照图示

配色表

	主体		主体第4行	主体第5行	花萼
A	第6~8行	119	141	119	绿色系
	第1~3行	茶色系			
B	第6~8行	111	141	111	
	第1~3行	茶色系			
C	第6~8行	141	111	141	
	第1~3行	茶色系			

主体、花萼 A、B、C各1片

※与 66 的主体、花萼钩织方法相同（配色参照配色表）

※但是，主体的第7、8行的花瓣按照以下图示进行钩织

第7、8行的花瓣

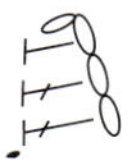

茎 绿色系 3条

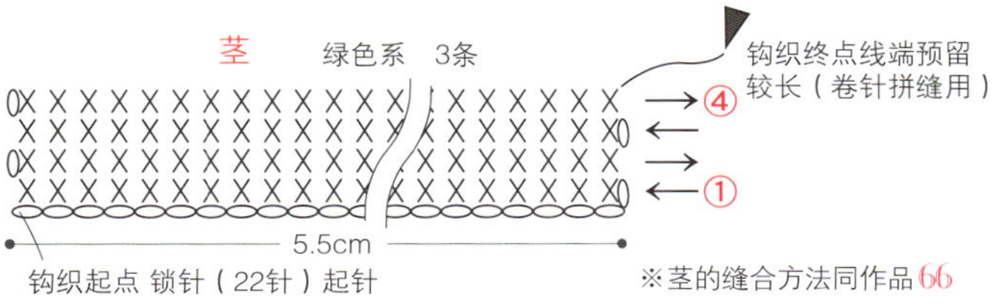

※茎的缝合方法同作品 66

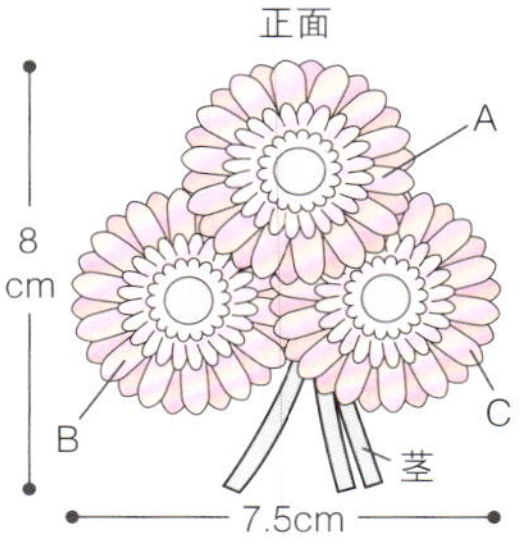

组合方法

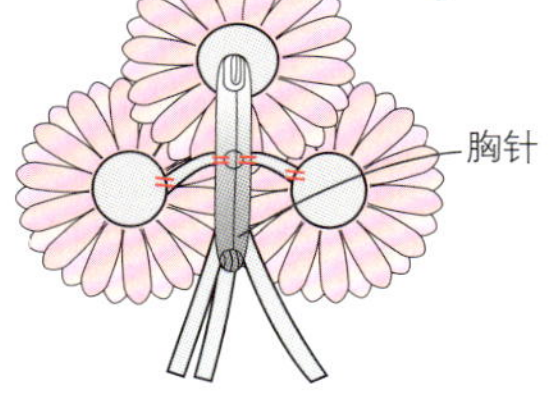

※分别将茎缝在A、B、C的花萼上。将3条茎缝合成束，并缝上胸针

68 ✿ P.77

材料与工具

【线】和麻纳卡 Wash Cotton〈Crochet〉绿色（108）6g，粉红色（122）、淡紫色（123）、藏青色（124）各3g，黄绿色（107）1.5g

【针】钩针2/0号

【其他材料】TOHO 胸针（9-11-2 银色）1个，蝴蝶结（宽1.3cm）白色系 约25cm

【成品尺寸】参照图示

绣球花

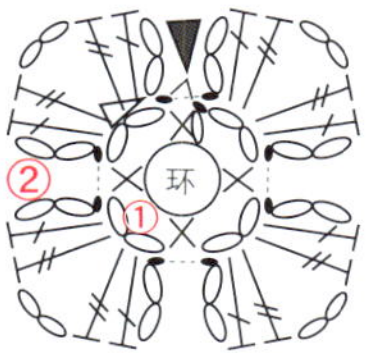

配色表

绣球花	第1行	第2行	
A	黄绿色	淡紫色	4片
B		粉红色	各3片
C		藏青色	

叶子 绿色 6片

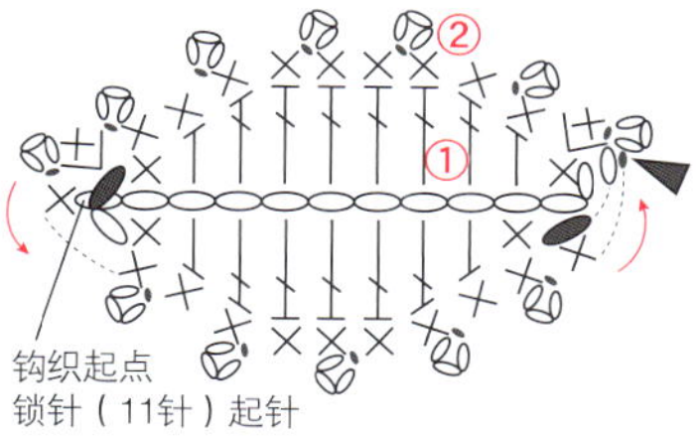

底座 绿色

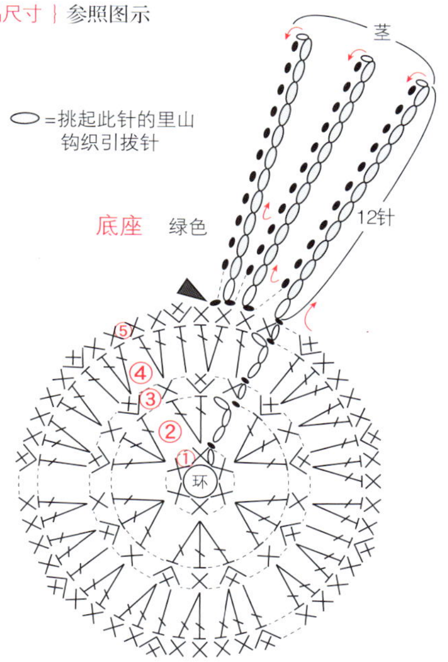

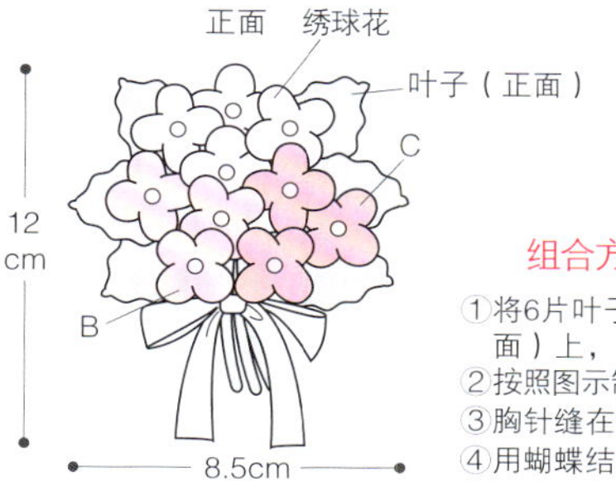

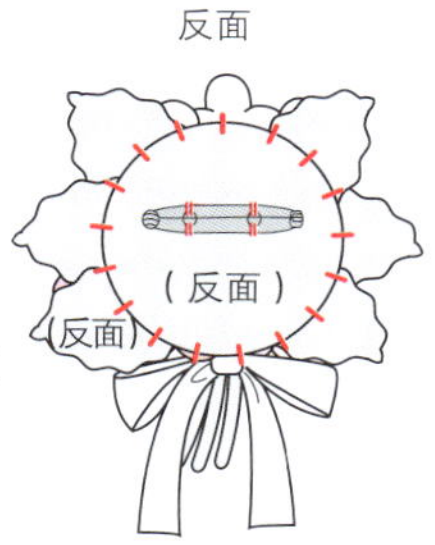

组合方法

①将6片叶子正面朝上叠放在底座（正面）上，缝合。
②按照图示制作绣球花，并分别缝合。
③胸针缝在底座的反面（参照P.90）。
④用蝴蝶结将底座的3条茎打结成束。

69 ✿ P.77 Point Lesson - P.7

材料与工具

【线】和麻纳卡 Wash Cotton〈Crochet〉浅蓝色（106）6g，蓝色（110）、藏青色（124）各5g，黄绿色（107）1g

【针】钩针2/0号

【其他材料】橡皮筋（直径5.5cm/宽0.4cm）1个

【成品尺寸】参照图示

绣球花

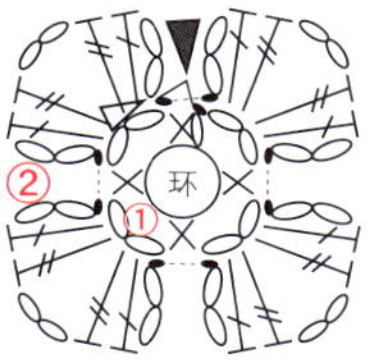

配色表

绣球花	第1行	第2行	
A	浅蓝色	蓝色	各10片
B		藏青色	

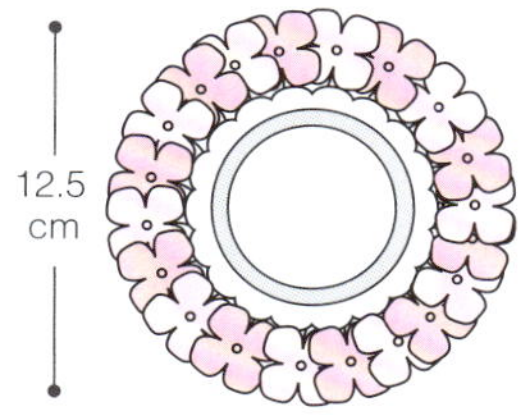

制作方法

1 分别钩织10片绣球花A、B。

2 主体环绕着橡皮筋钩织100针短针（参照P.90），按照图示钩织2行。在第3行，钩针插入绣球花第2行花瓣间2针的引拔针右侧1针手前侧的1根横线，引拔针连接（参照P.7）。

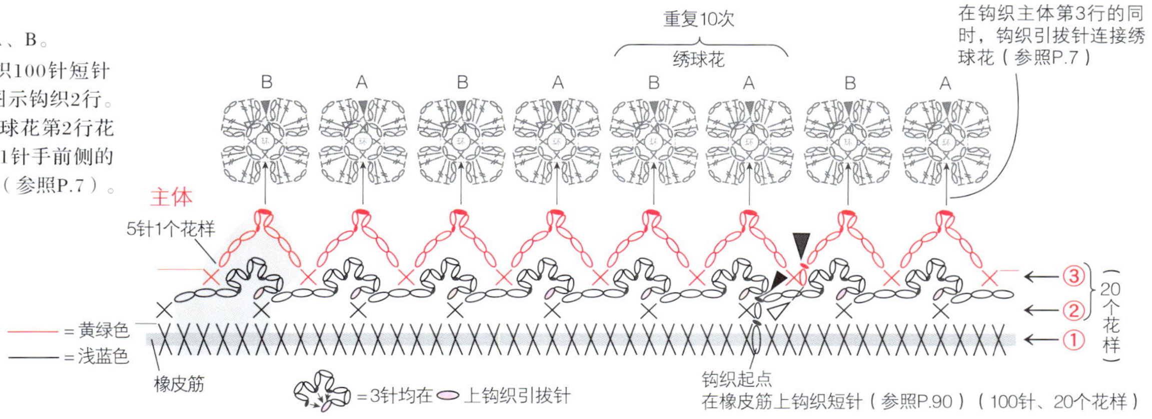

雏菊胸针

How to knit 70、71 …… P.82 72 …… P.31 Point Lesson …… P.88

Design & Knitting …… 河合真弓

温柔恬静的雏菊花人人喜爱。

用其做成的胸针就像是新鲜采摘的花束，别在衣间，楚楚动人。

三色堇手链、三色堇胸针

How to knit ···· P.83

Design & Knitting ···· 松本薰

充满古典气质

凸显成熟、温婉之美。

J'ai fait un rêve du
bleu....

73

74

70 ✿ P.80

材料与工具

［线］Olympus Emmy Grande 绿色（238）4g，原色（851）3g，苔绿色（288）、黄色（521）各1g；Emmy Grande（Herbs） 灰粉色（118）、红梅色（141）各2g，珊瑚粉色（119）1g

［针］蕾丝针0号

［其他材料］胸针（9-11-2 烟熏色）1个

［成品尺寸］参照图示

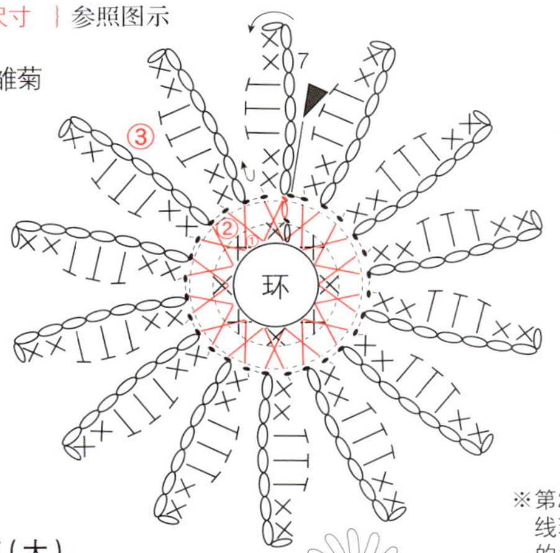

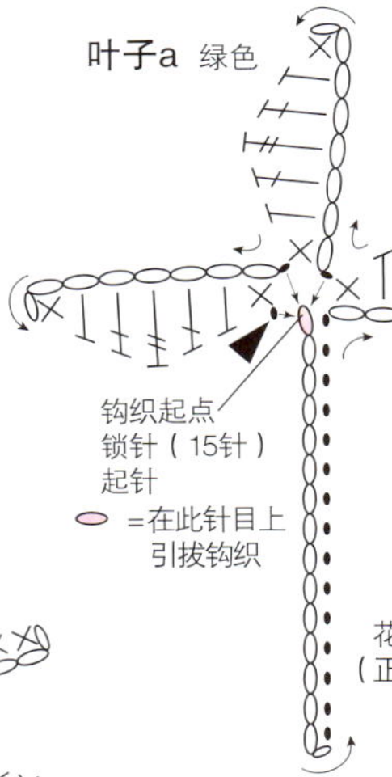

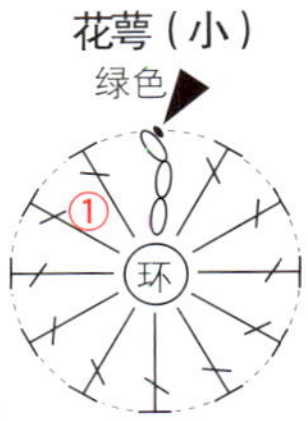

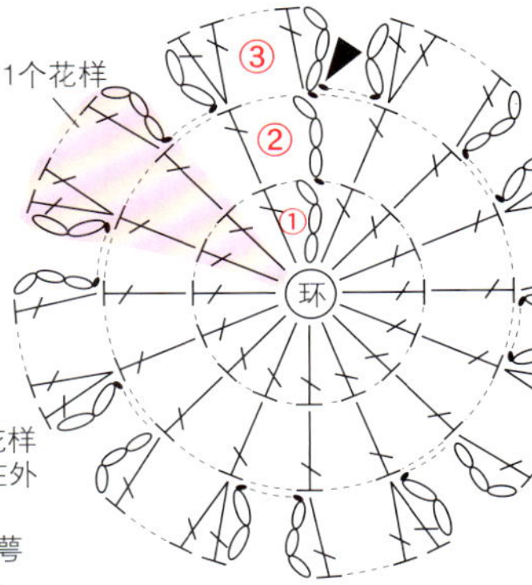

麦香豌豆花的组合方法

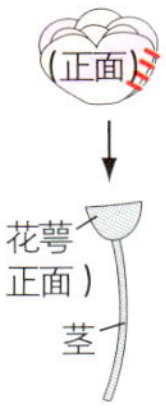

①将麦香豌豆花的3个花样向内侧卷，5个花样在外侧，缝合边侧。
②将茎（绿色）放在花萼（小）的中心，缝合。
③将麦香豌豆花的第1行放入花萼中，缝合。

所需花片

雏菊…2片
麦香豌豆花…5片
花萼（小）…5片
花萼（大）…2片
叶子a… 3片
茎… 7条
底座… 1片

雏菊配色表

行数	颜色
第3行	本白色
第2行	黄色
第1行	

※第2行的短针（14针）是在绕线环圈上入针，环绕着第1行的短针（8针）进行钩织

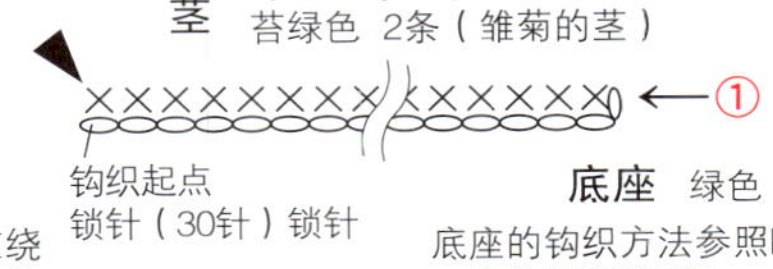

底座 绿色

底座的钩织方法参照P.39，一直钩织到第7行

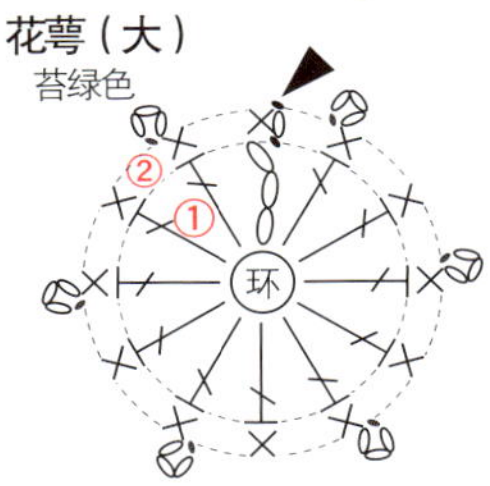

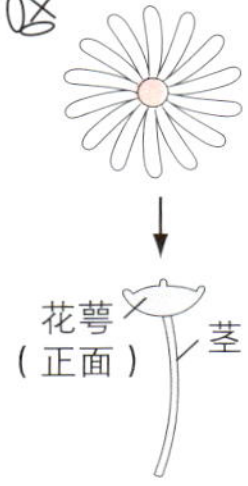

雏菊的组合方法

①将茎放入花萼（大）的中心，缝合。
②叠放雏菊，缝合。

组合方法

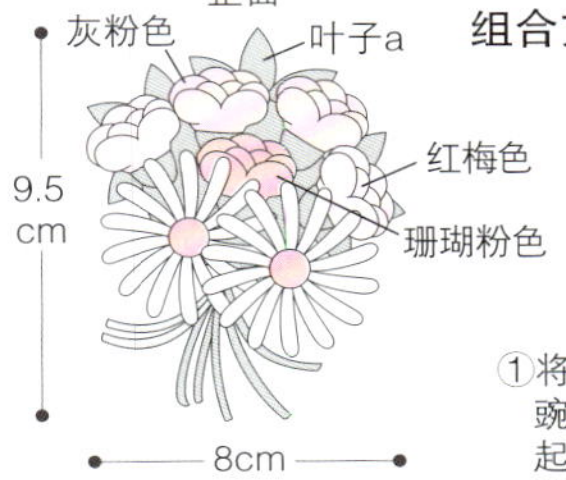

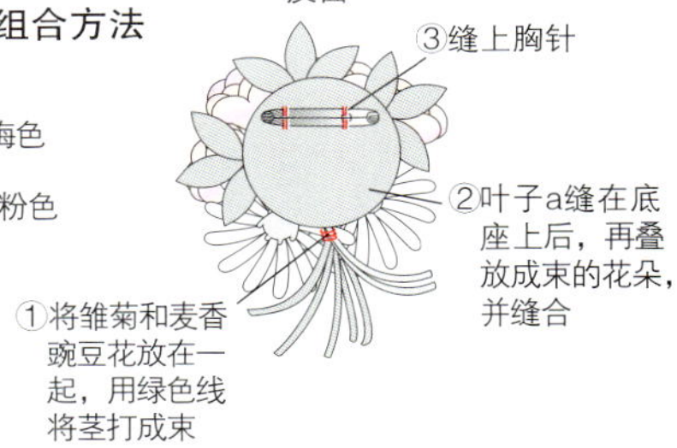

71 ✿ P.80 Point Lesson P.88

材料与工具

［线］Olympus Emmy Grande苔绿色（288）3g，绿色（238）、本白色（851）各2g，黄色（521）少许

［针］蕾丝针0号

［其他材料］胸针（9-11-1 烟熏色）1个，花用铁丝（30号）约12cm 2根，宽0.5cm的蝴蝶结（藏青色）约25cm

［成品尺寸］参照图示

所需花片

雏菊…1片
花萼（大）…1片
叶子a… 2片
叶子b… 2片
茎… 1条
底座… 1片

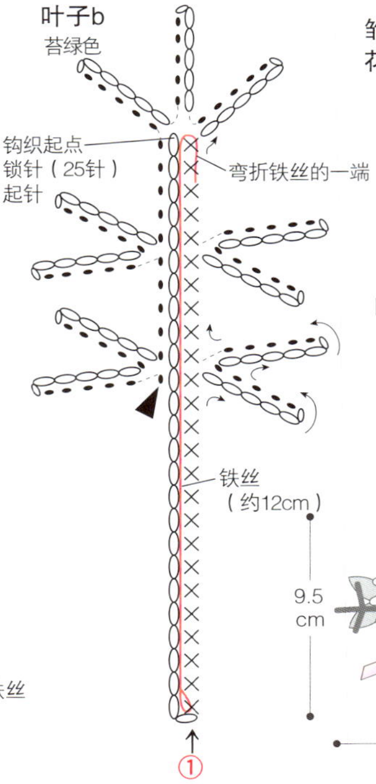

雏菊
花萼（大） 苔绿色 ｝ 钩织方法、组合方法参照70
※雏菊的配色与70 相同

底座 绿色 1片

底座的钩织方法参照P.39。一直钩织到第6行

叶子a 绿色（钩织方法参照70）

※钩织结束后，用缝衣针将铁丝穿过叶片，并弯折铁丝端头

（铁丝环的制作方法）

弯折并扭转铁丝的一端，制作环

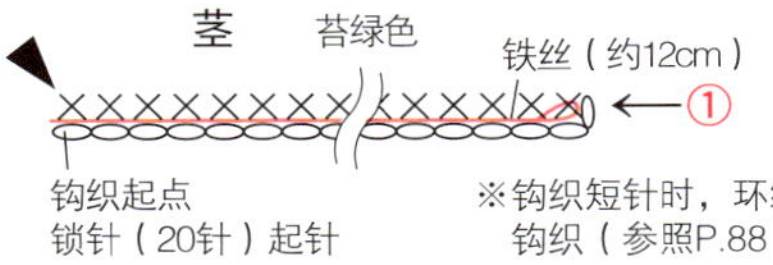

※钩织短针时，环绕着铁丝钩织（参照P.88）

组合方法

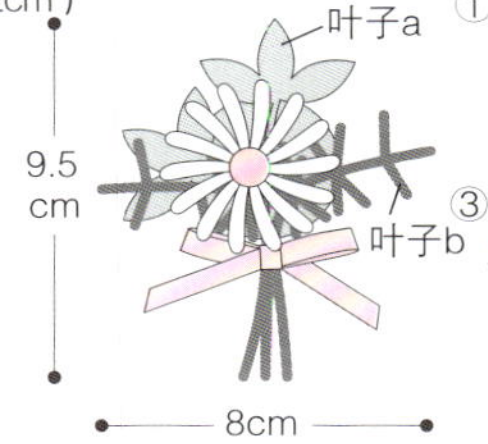

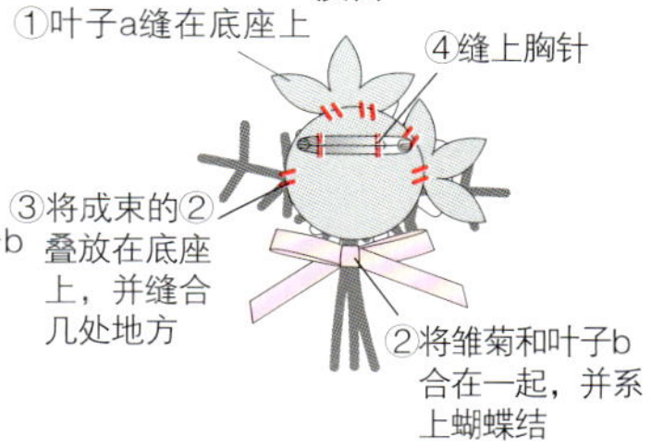

73、74 ✿ P.81

材料与工具

【线】

Olympus 25号刺绣线 紫色系（614）、（654）各1.5束（74 =1束、73 =0.5束）；紫色系（616）、（630），绿色系（237）、（288），黄色系（561），驼色系（731）、（733）各1束（73、74 =各0.5束）

【针】蕾丝针0号

【其他材料】TOHO 手链扣（a-500 仿古金色）1套（74），2.5cm的胸针（9-11-6 金色）1个（73），皮绳（宽4mm）20cm（74）

【成品尺寸】参照图示

73的制作方法

1 与74相同，钩织所需片数的三色堇、叶子。

2 参照组合方法将三色堇叠放在叶子的正面，缝合。三色堇的反面缝上胸针。

74的制作方法

1 三色堇环形起针，参照配色表钩织5行。

2 锁针起针，钩织叶子。

3 参照组合方法，将三色堇叠放在叶子的正面，缝合。

4 参照组合方法，将皮绳缝在三色堇反面中心，皮绳两端连接手链扣。

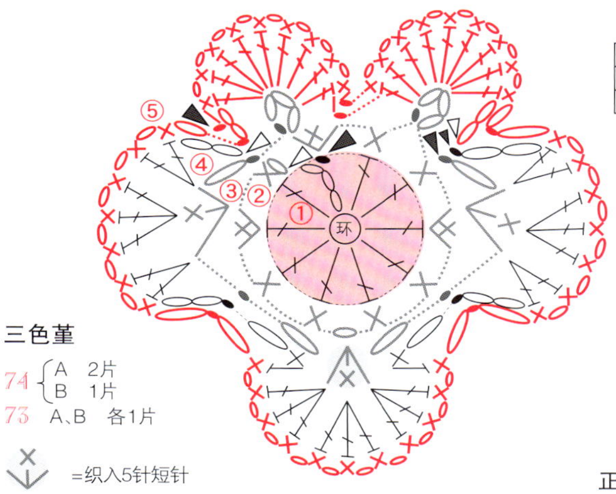

三色堇配色表

A	驼色系（733）	紫色系（616）	驼色系（731）	紫色系（654）
B	黄色系		紫色系（630）	紫色系（614）

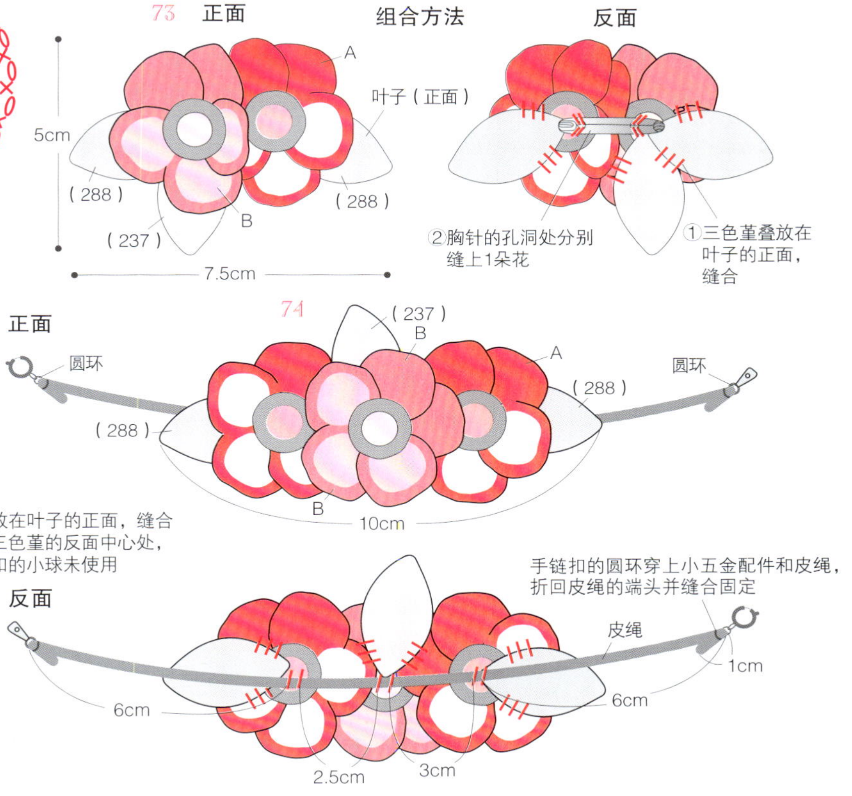

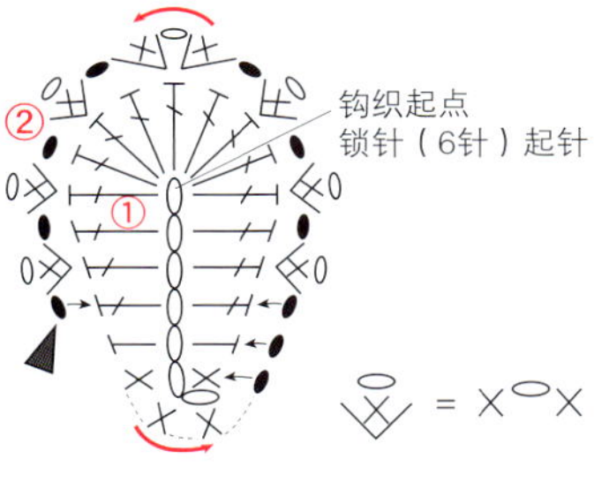

80 ✿ P.85

材料与工具

【线】DMC 25号刺绣线 茶色系（918）2束，粉红色系（351）、（605）各1束，粉红色系（352）、（819）各0.5束

【针】蕾丝针0号

【其他材料】纽扣（直径1.5cm）1颗

【成品尺寸】参照图示

太阳花 a、b…各1片

※与79（参照P.87）钩织方法相同

太阳花配色表

a	918	352	351
b	918	819	605

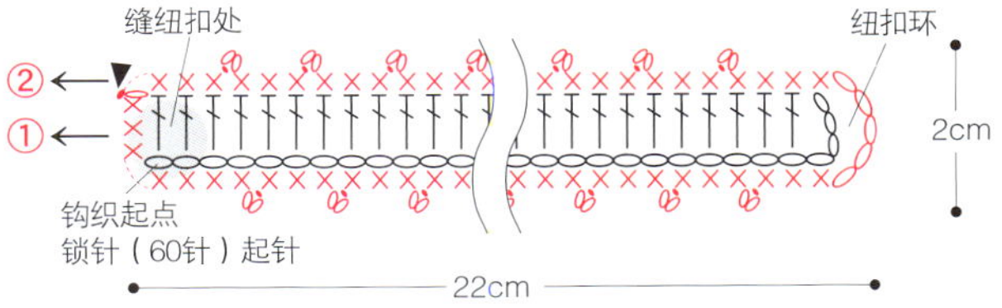

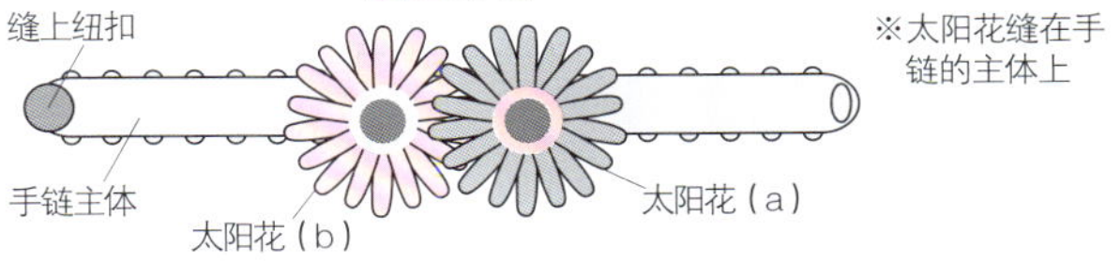

✿ 三色堇饰品

How to knit 75、77、78 ···· P.86 76 ···· P.87

Design & Knitting ···· 镰田惠美子

就像是插上野外盛开的小花，
无论是只有一朵的点缀
还是几朵汇聚在一起，都散发着迷人的魅力。

75
发卡

76
发绳

77
胸针

78
发圈

太阳花饰品

How to knit 79、82 — P.87　80 — P.83　81 — P.89
Design & Knitting — 镰田惠美子

花瓣的质感如同天鹅绒，再加上色彩的鲜艳美丽，真是令人爱不释手。

79
发绳

80
手链

81
发圈

82
胸针

75 ✿ P.84

材料与工具

【线】DMC 25号刺绣线 绿色系（904）、橙色系（741）、黄色系（742）各0.5束

【针】蕾丝针0号

【其他材料】发卡（长5.5cm）1个

【成品尺寸】参照图示

三色堇

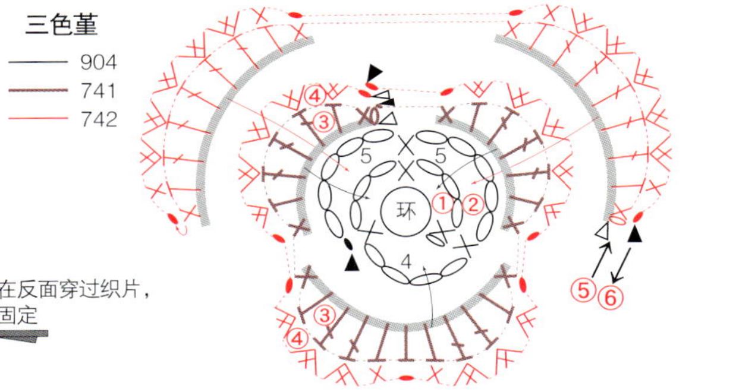

（第3、5行）═ 整束挑起箭头所指钩织行的锁针，进行钩织

※向后压倒第2行，在第1行上钩织第3行

※向前压倒前一行，在第2行上钩织第5行

组合方法

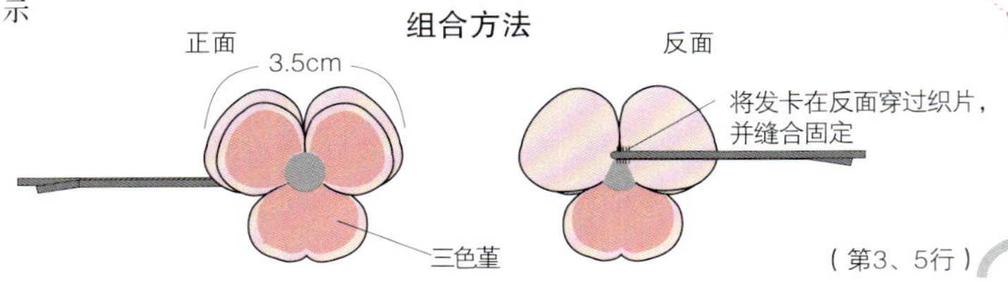

77 ✿ P.84

材料与工具

【线】DMC 25号刺绣线 绿色系（367）2束；黄色系（445）、（743）、（973），紫色系浓淡渐变（52），紫色系（208）、（211）、（550），粉色系浓淡渐变（48），粉红色系（917），蓝色系（823），本白色系（3865）各0.5束

【针】蕾丝针0号

【其他材料】胸针（9-11-6 银色）1个

【成品尺寸】参照图示

三色堇　a、b、c、d…各1片

※与75钩织方法相同

三色堇配色表

	──	──	──
a	743	3865	208
b	743	917	48
c	445	823	211
d	973	52	550

叶子 367　3片

※与76（参照P.87）钩织方法相同

底座 367

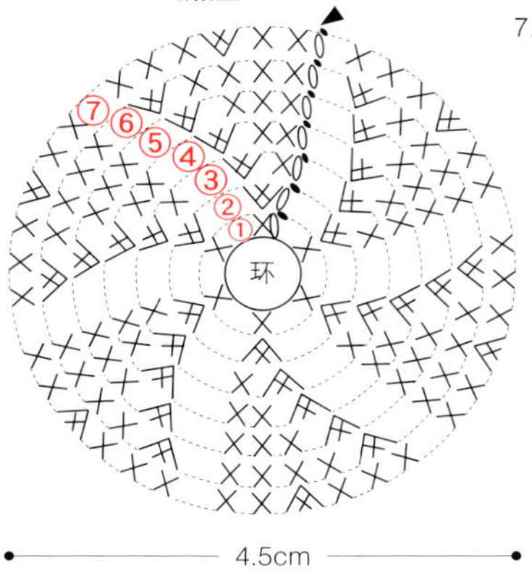

组合方法

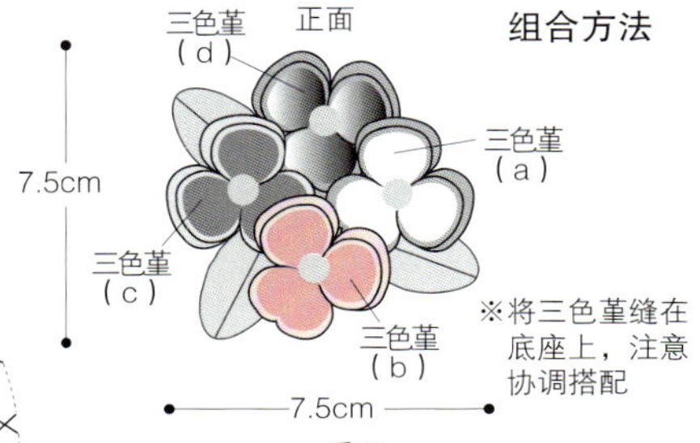

反面

78 ✿ P.84

材料与工具

【线】DMC 25号刺绣线 绿色系（163）5束；黄色系（307）、（445）、（742）、（973），绿色系（367）、（904）、（906），紫色系浓淡渐变（52），紫色系（211）、（550），蓝色系（823），橙色系（741）各0.5束

【针】蕾丝针0号

【其他材料】橡皮筋（外径5.5cm/粗0.4cm）1个

【成品尺寸】参照图示

三色堇　a、b、c、d…各1片

※与75钩织方法相同

三色堇配色表

	──	──	──
a	904	741	742
b	906	307	445
c	445	823	211
d	973	52	550

叶子 367　2片

※与76（参照P.87）钩织方法相同

主体

163

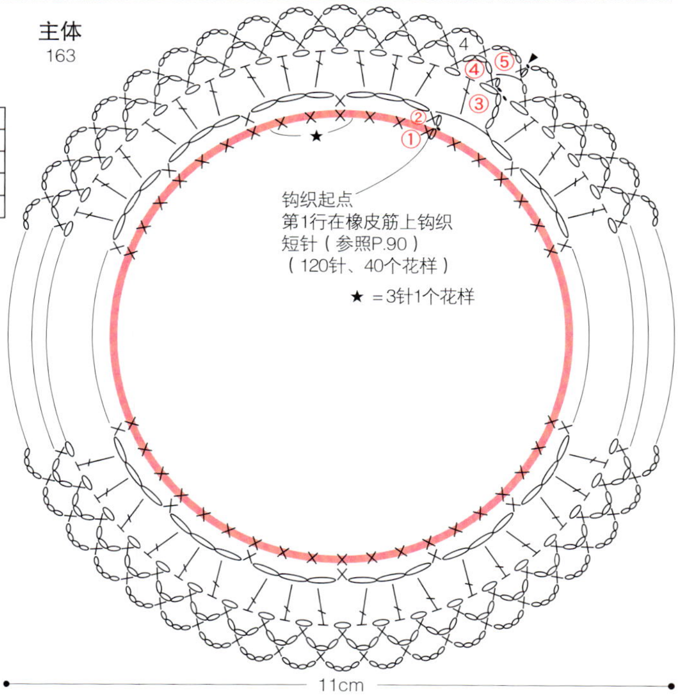

组合方法

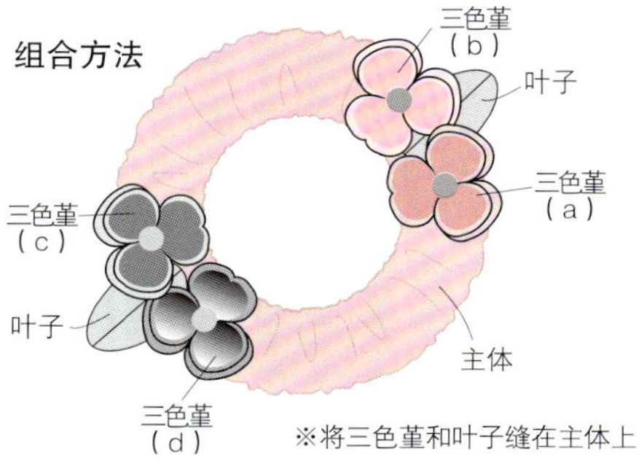

76 ✿ P.84

材料与工具

【线】DMC 25号刺绣线 绿色系（906）、（367），黄色系（307）、（445）各0.5束

【针】蕾丝针0号

【其他材料】橡皮筋（粗0.2cm）1个

【成品尺寸】参照图示

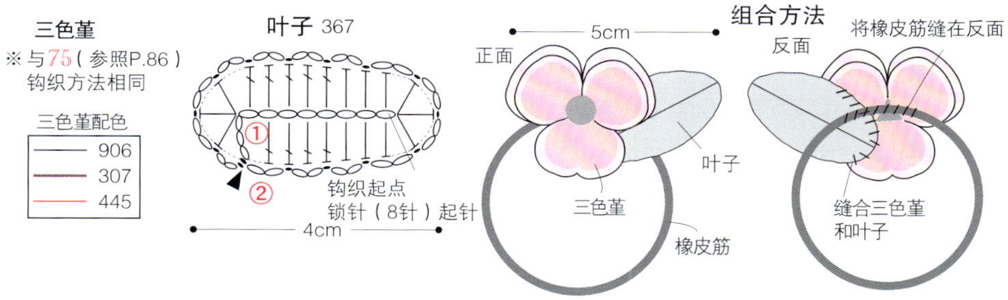

79 ✿ P.85

材料与工具

【线】DMC 25号刺绣线 粉红色系（351）1束，粉红色系（352）、茶色系（918）各0.5束

【针】蕾丝针0号

【其他材料】橡皮筋（粗0.2cm）1个

【成品尺寸】参照图示

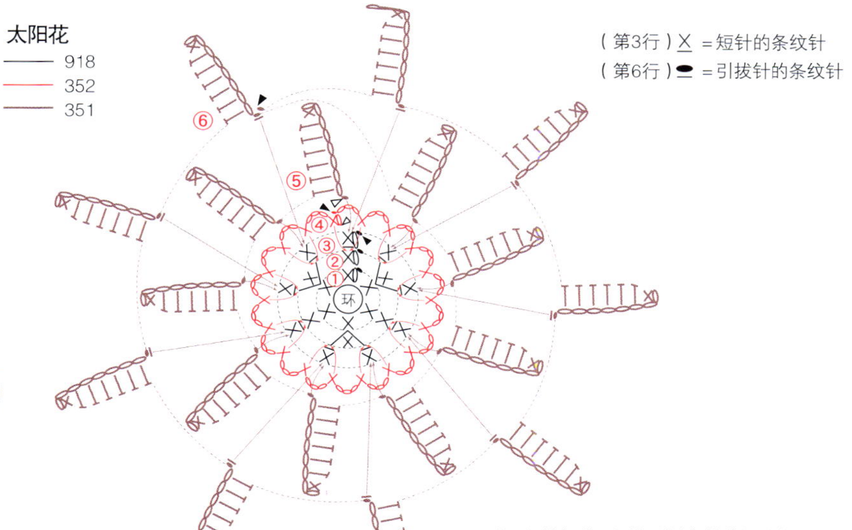

※第3行挑起第2行的对侧半针进行钩织
第4行挑起第2行的手前侧半针进行钩织
第5行挑起第3行的手前侧半针进行引拔
第6行挑起第3行的对侧半针进行钩织引拔

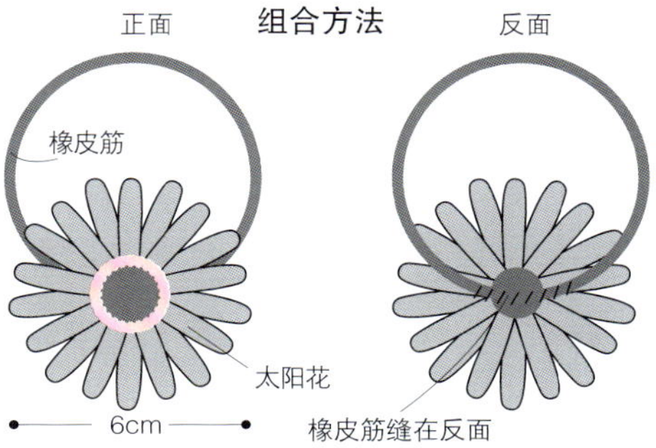

82 ✿ P.85

材料与工具

【线】DMC 25号刺绣线 绿色系（905）、红色系（666）各2束，粉红色系（602）1束，蓝色系（823）、绿色系（907）、粉红色系（3705）各0.5束

【针】蕾丝针0号

【其他材料】胸针（9-11-6 银色）1个

【成品尺寸】参照图示

太阳花 a…2片、b…1片

※与79钩织方法相同

太阳花配色表

a	823	3705	666
b	907	666	602

底座

905

※与77（参照P.86）钩织方法相同

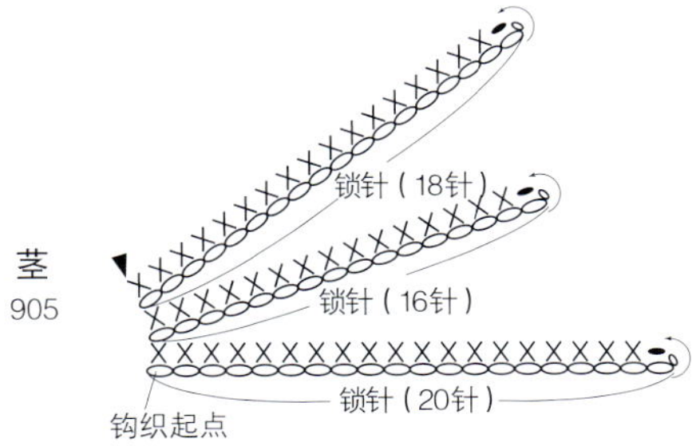

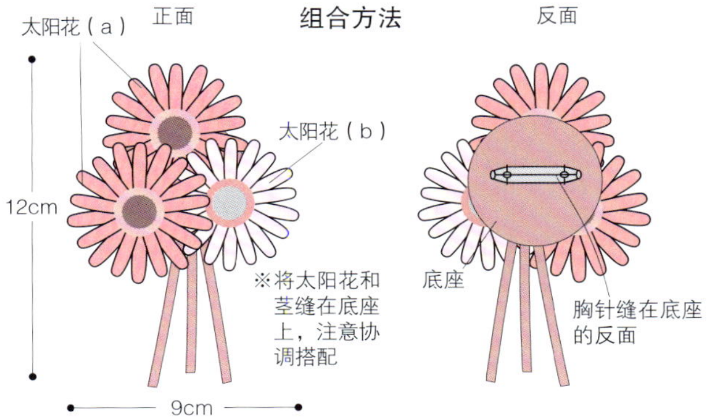

65 ✿ P.73

材料与工具

［线］Olympus　Emmy Grande（混合）紫色系（M3）3g，Emmy Grande 绿色（238）、蓝色（305）各2g
［针］蕾丝针0号
［其他材料］胸针（9-11-2 烟熏色）1个，填充棉 少许
［成品尺寸］参照图示

绣球花的反面（与底座相同）

紫色系混合

底座的钩织方法参照P.39。一直钩织到第6行

叶子 绿色

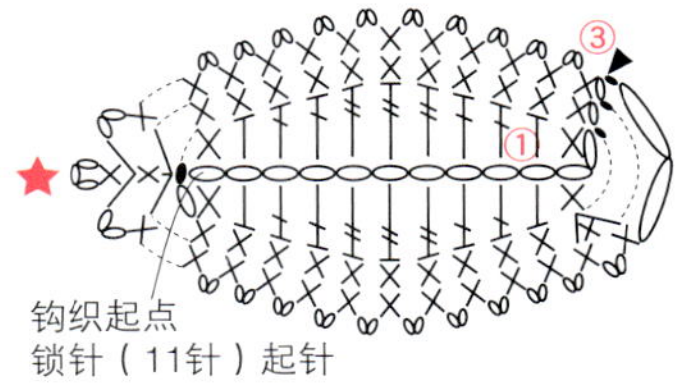

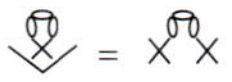

绣球花的钩织方法

①一直钩织到绣球花的反面（底座）第6行=a。
②一直钩织到绣球花的正面第6行=b（无需断线）。
③a与b背面相对叠放，其间塞入填充棉的同时，钩织第7行（ 的部分）。
④对着b面钩织第8行。

绣球花的正面

1～7行…紫色系混合
8行…蓝色

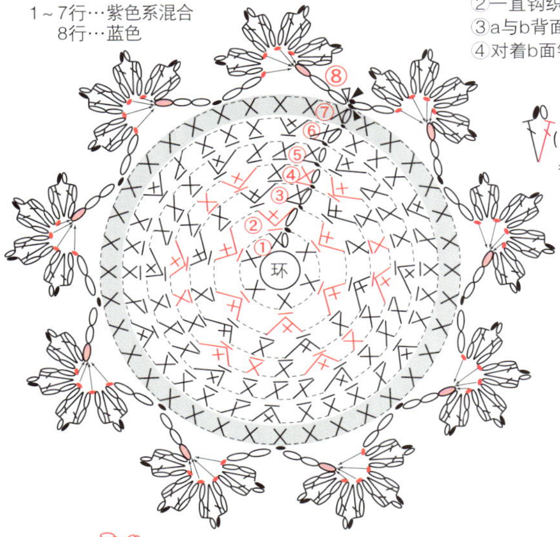

（第8行）
=此引拔针是在 针目的上面半针和下面1针处入针，进行引拔

所需花片

绣球花的正面 绣球花的反面（底座）	各1片
叶子…2片	

组合方法

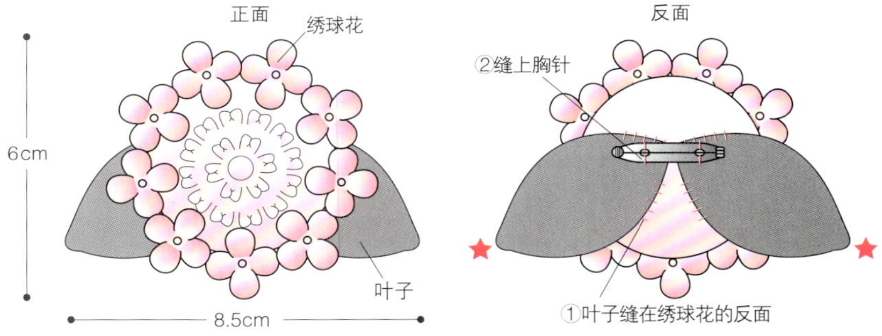

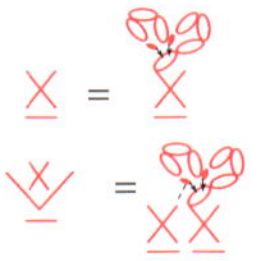

=在此针目上钩织引拔针
=短针的条纹针

Point Lesson

71、72 P.80 ✿ 嵌入铁丝的茎的钩织方法

*弯折铁丝的端头，做1个环，能穿过钩针针头大小

1 锁针起针钩织所需数量的针目，然后立织1针锁针时，将织线与铁丝相连。钩针插入铁丝的环圈中，挂线后将线拉出。

2 接着挑起锁针的里山，环绕着铁丝钩织锁针。图为完成1针锁针的情形。

3 用相同方法，继续环绕着铁丝进行钩织。

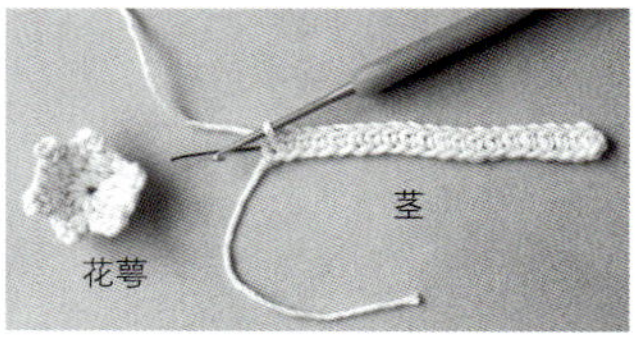

4 茎钩织到端头的情形。

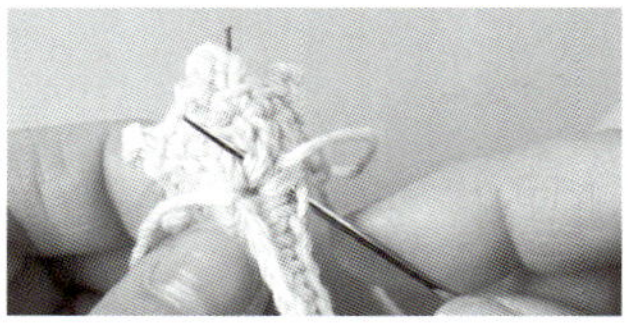

5 将内有铁丝的茎穿透花萼的中心，缝合茎与花萼。

6 缝合完成的情形。

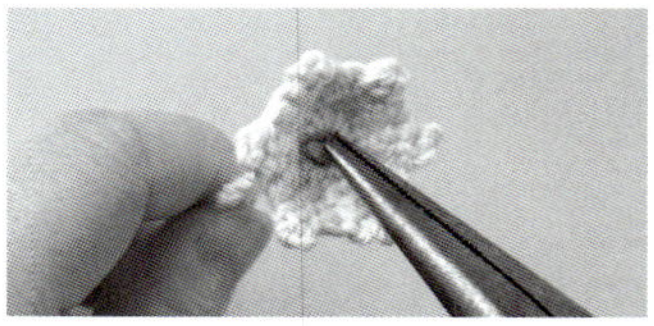

7 铁丝留下1cm左右，剪断铁丝。用钳子弯折铁丝。

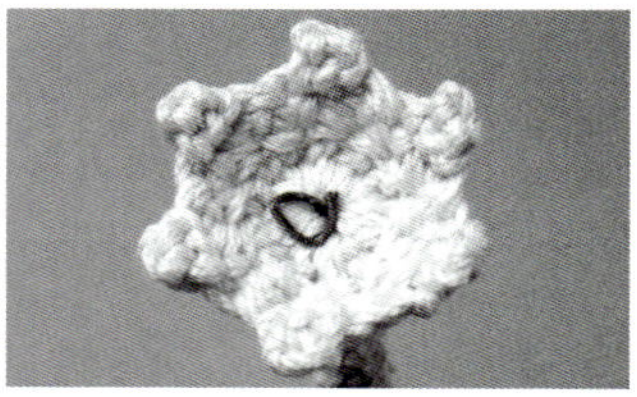

8 弯折后的情形。在花萼上缝合花朵。

7 ✿ P.9

材料与工具

［线］DMC 25号刺绣线 绿色系（472）2束，紫色系（327）、绿色系（989）、粉红色系（3607）各1束

［针］蕾丝针0号

［其他材料］橡皮筋（外径5.5cm/粗0.4cm）1个

［成品尺寸］参照图示

组合方法

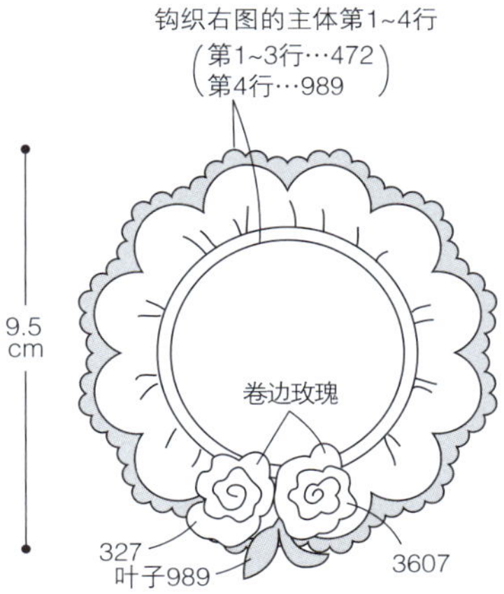

※卷边玫瑰和叶子与5的钩织方法相同（参照P.11），缝在主体上

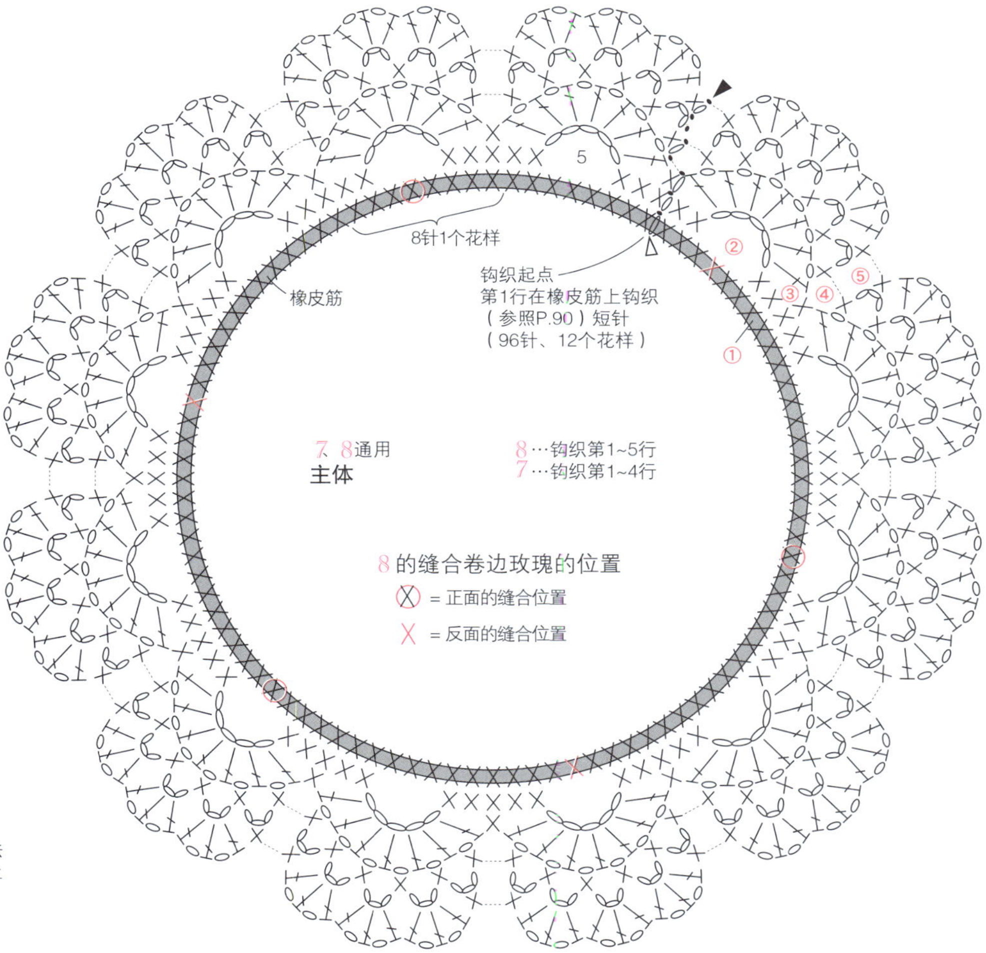

8 ✿ P.9

材料与工具

［线］DMC 25号刺绣线 原色系（3865）4束、粉红色系（225）3束、绿色系（472）1束

［针］蕾丝针0号

［其他材料］

橡皮筋（外径5.5cm/粗0.4cm）1个

［成品尺寸］参照图示

组合方法

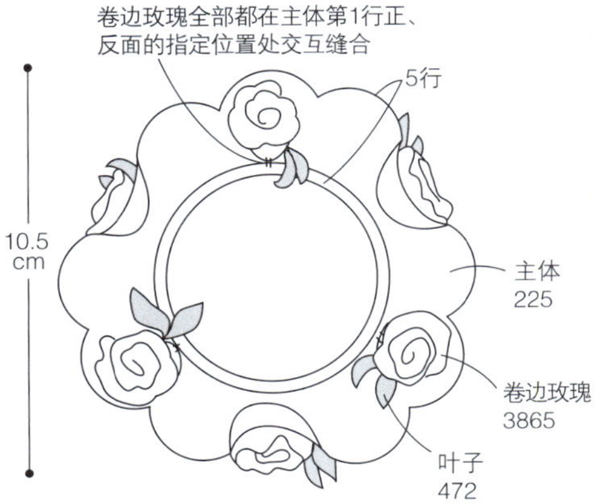

※卷边玫瑰和叶子与5的钩织方法相同（参照P.11）

※主体的钩织方法参照7

81 ✿ P.85

材料与工具

［线］DMC 25号刺绣线 绿色系（905）5束，驼色系（ECRU）、黄色系（743）各1束，黄色系（726）、（742）和绿色系（907）、（3363）各0.5束

［针］蕾丝针0号

［其他材料］

橡皮筋（外径5.5cm/粗0.4cm）1个

［成品尺寸］参照图示

主体

905

※与78的钩织方法相同（参照P.86）

太阳花 a、b…各1片

※与79的钩织方法相同（参照p.87）

太阳花配色表

a	907	742	743
b	3363	726	ECRU

组合方法

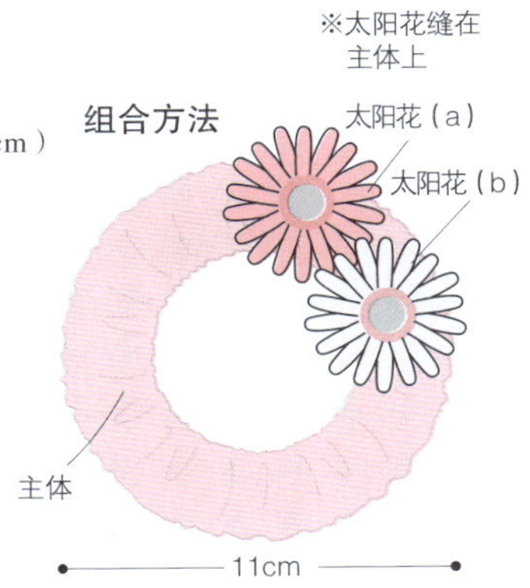

刺绣线的处理方法

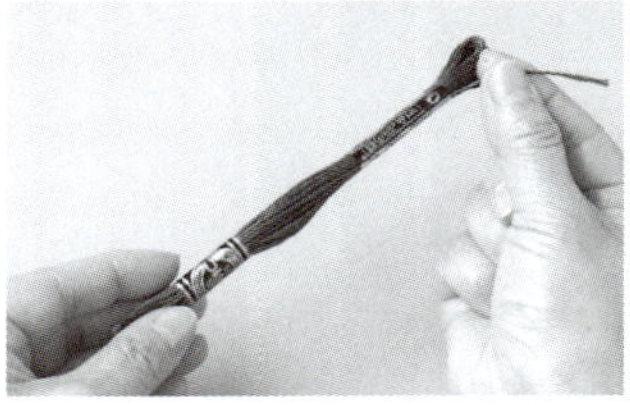

1 拉出线端。如果按住左边环圈轻轻拉出，就会很顺利地拉出线端了，且不会乱作一团。

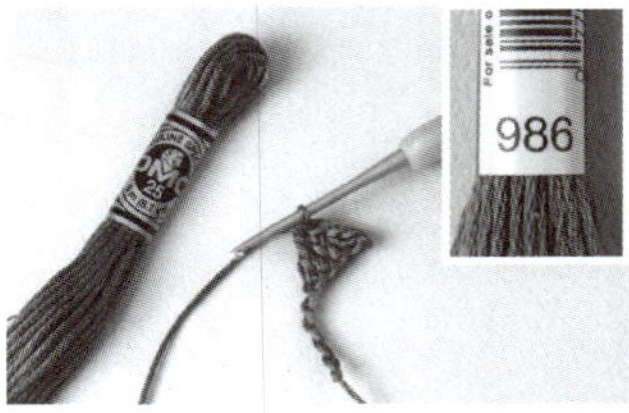

2 刺绣线由6股线组成，书中介绍的作品除指定外，均是6股线的粗细直接钩织。标签上标有色号。同一色线需要一次买充足，中途只需接线完成作品。

分线

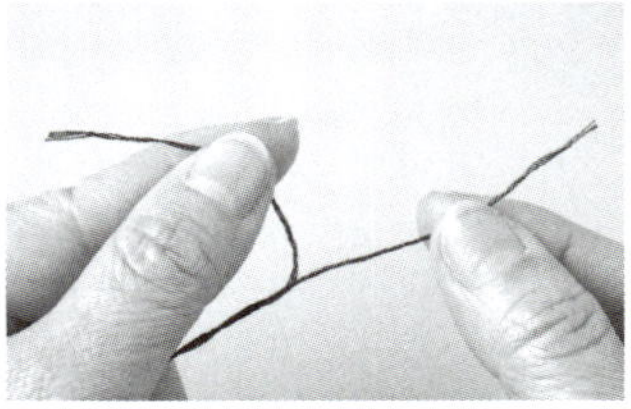

捻搓而成的1股线可以劈开为2~3股。用于缝合胸针等细致的手工。剪成约30cm的长度，反方向捻搓，易于分线。

胸针的缝合方法

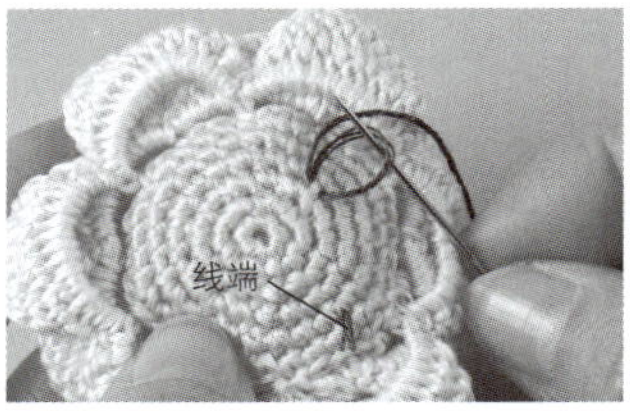

1 缝针穿引劈开的织线（或缝线），在织片上挑1针，注意要劈开织片上的织线。在相同位置再挑1针，缝针从线环中穿过，拉紧线环。剪断线端。

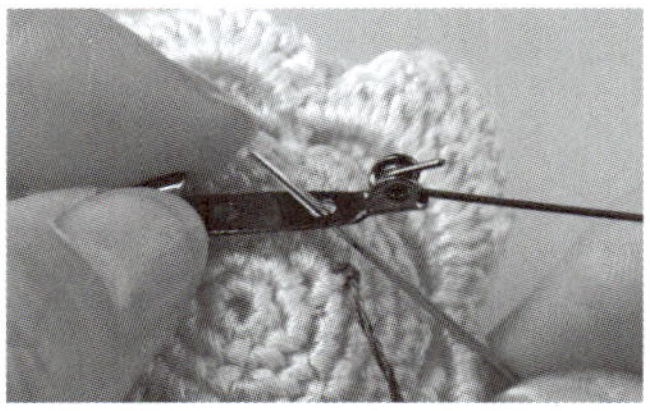

2 缝针从胸针的反面插入孔洞。

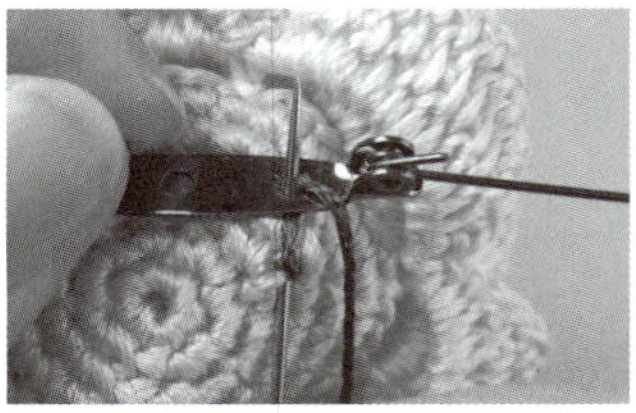

3 再次在织片上挑针，并穿过胸针的孔洞。如此反复在孔洞的上下缠绕2~3次缝合固定。

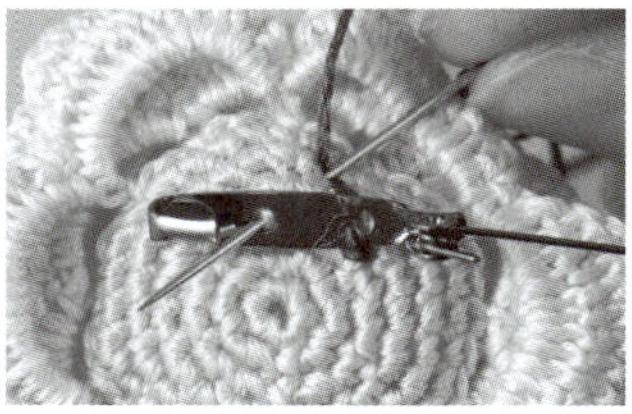

4 缝针下穿织片，从胸针反面插入另一侧的孔洞，用相同方法缝合固定。

5 缝合结束后，也是将缝针穿过线环，拉紧线环后处理织线。

在橡皮筋上钩织短针的方法

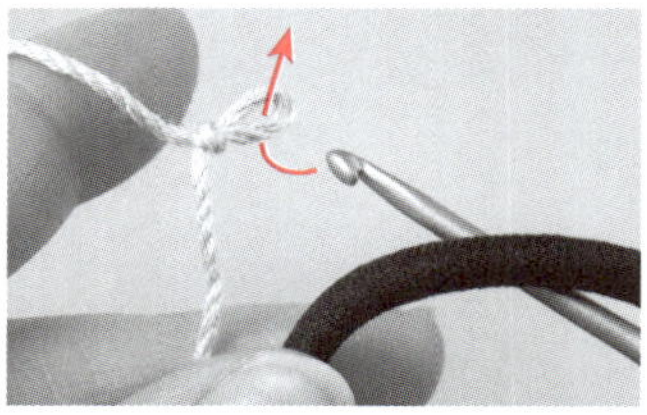

1 按照钩织起针方法（参照P.91）起针，暂时抽离钩针。穿过橡皮筋内侧，插入抽离的针目，并拉至橡皮筋的手前侧。

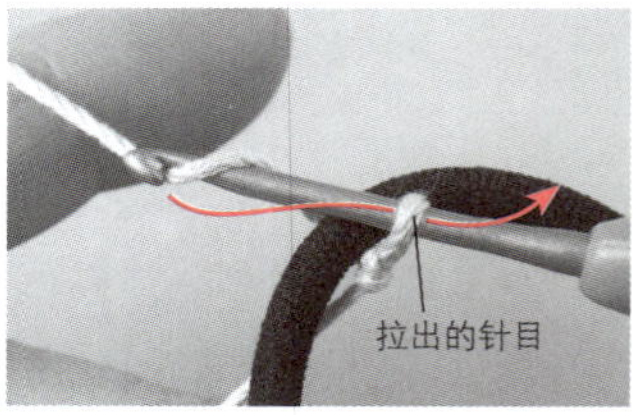

2 针上挂线引拔出。

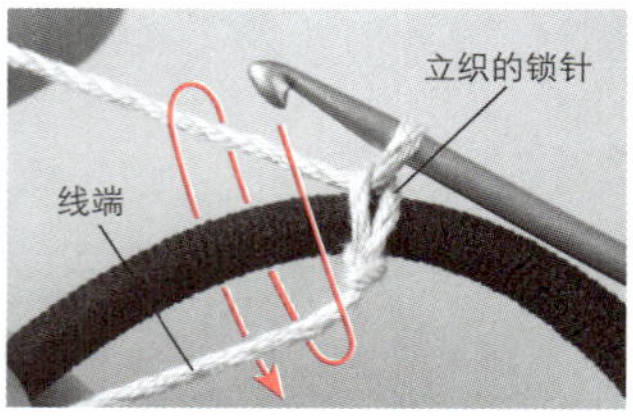

3 此为立织的1针锁针。按照箭头方向所示，钩针插入橡皮筋中，挂线拉出，好似橡皮筋与线端一起缠绕钩织。

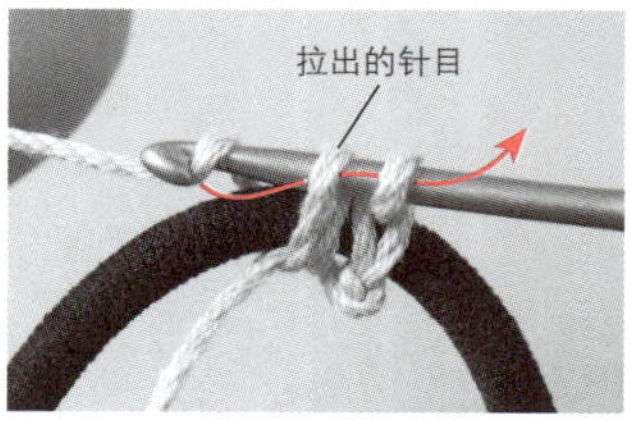

4 再次挂线，2个线圈同时引拔出。

5 完成1针短针的情形。

6 完成5针的情形。继续在橡皮筋上钩织所需数目的短针。

环绕铁丝的钩织方法

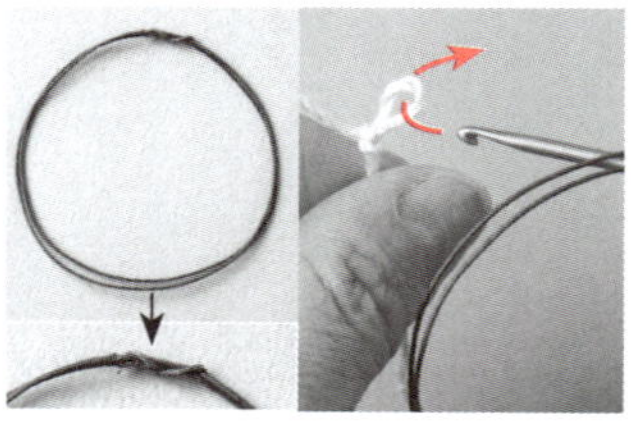

铁丝弯折成圆环，按照左下图中那样拧转两端。与“在橡皮筋上钩织短针的方法”相同，在铁丝上钩织织线。

钩针编织的基础

符号图的看法

符号图均以正面所看到的标记和日本工业规格（JIS）为标准。
钩针编织中不分上、下针（上拉针除外），
即使是交互对着正、反面进行钩织的平针，符号标记也是一样。

从中心开始钩织圆形时

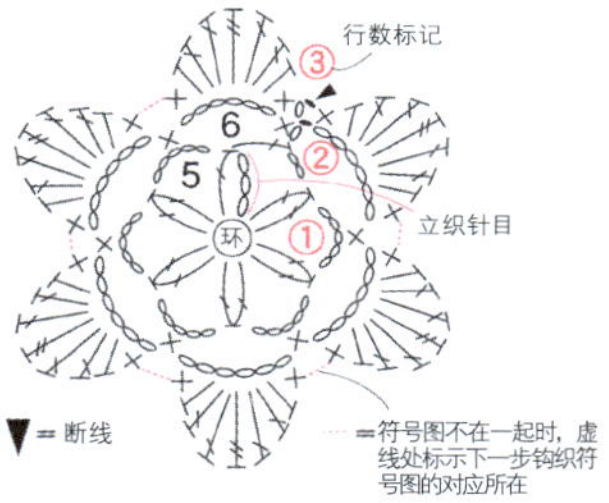

在中心处编织圆环（或锁针），像画圆似的逐行钩织。在每行的起针处都进行立针钩织。通常都是面对织物的正面，从右到左看符号图进行钩织。

平针编织时

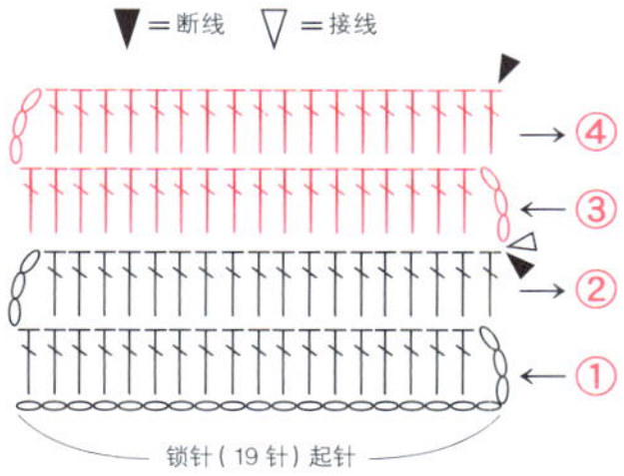

其特点就是左右均有立织针目。通常右侧立织针目时，对着织片的正面，从右至左参照符号图钩织；左侧立织针目时，对着织片的反面，从左至右参照符号图钩织。图中所示的是在第3行更换了配色线的符号图。

锁针的看法

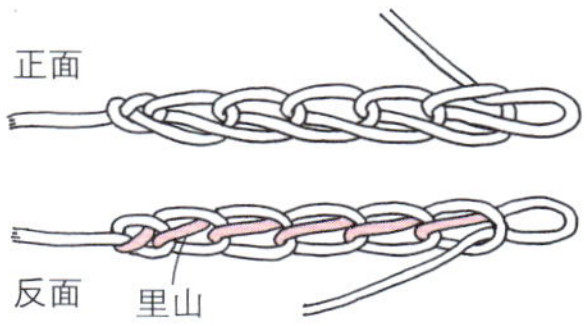

锁针分正、反面。反面中央的1根线称为锁针的"里山"。

线和针的拿法

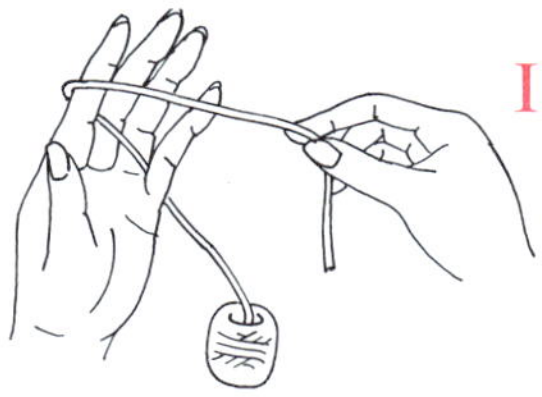

1 织线由左手小指与无名指间穿过，绕过食指，线头拉至手前。

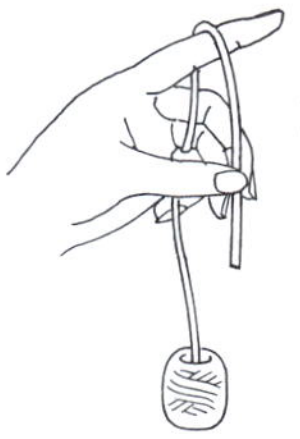

2 用拇指和中指捏住线头，立起食指，将线挑起。

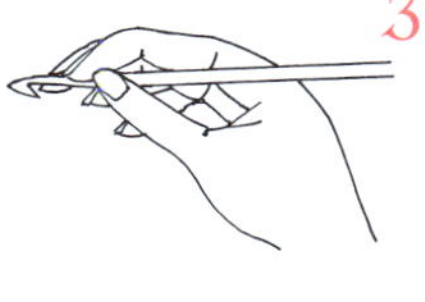

3 拇指与食指握着针，中指轻放到针头处。

起针的方法

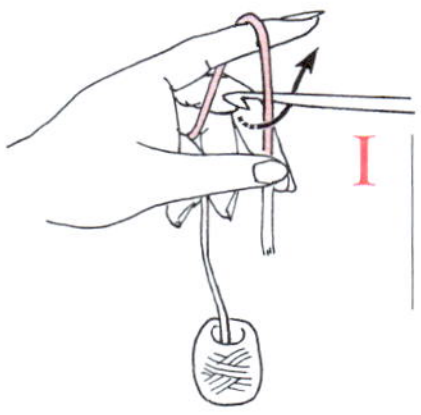

1 按照箭头所示，钩针由织线的对侧旋转针头。

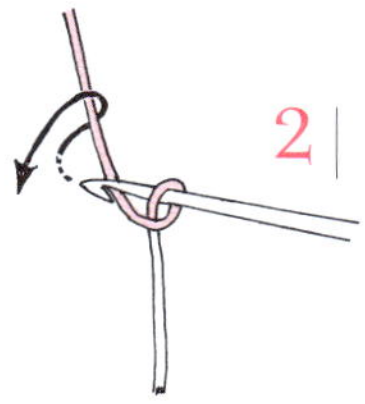

2 然后针上挂线。

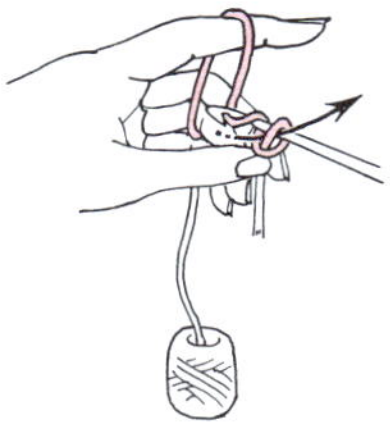

3 穿过线圈将织线拉至手前。

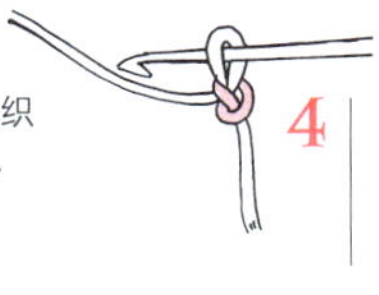

4 将线头抽出，拉紧线圈，最初的起针完成（此针不能算作第1针）。

环形起针

从中心开始钩织环形时
（用线头做中心）

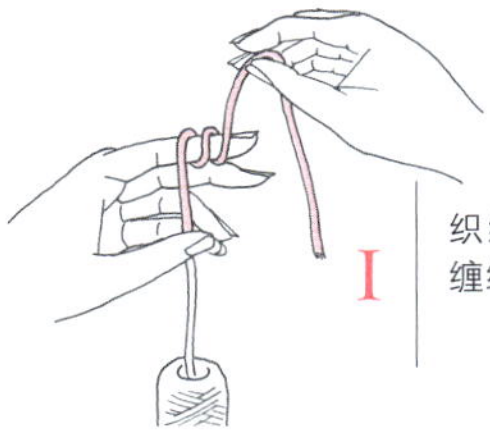

1 织线在左手食指上缠绕2圈，绕成线环。

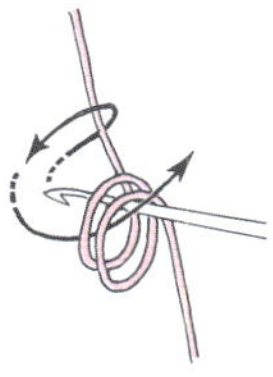

2 将环从手指脱出，钩针穿入其中，将线拉至手前。

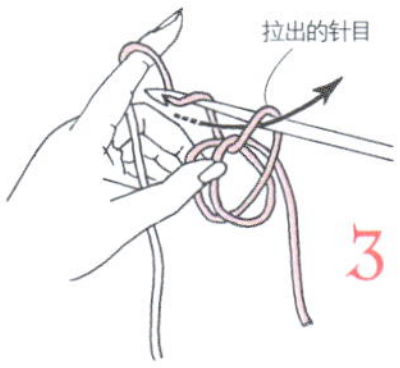

3 针上再次挂线，将线拉出，立织1针锁针。

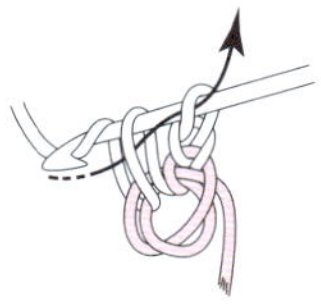

4 钩织第1圈时，在中心插入钩针，钩织所需数目的短针。

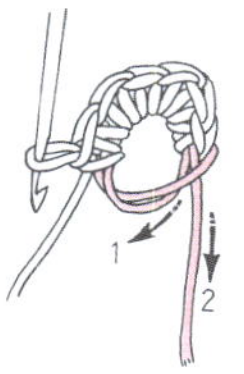

5 暂时将针抽出，将最初环形的线和线头抽出，收紧线圈。

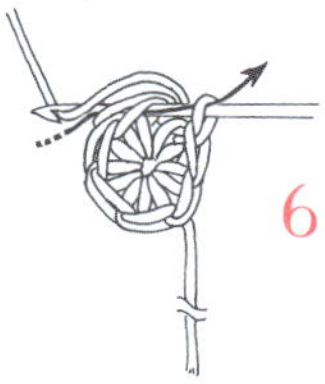

6 钩至第1圈的终点处，在最初的短针中插入钩针，引拔钩织。

从中心开始钩织圆形时
（锁针环形起针）

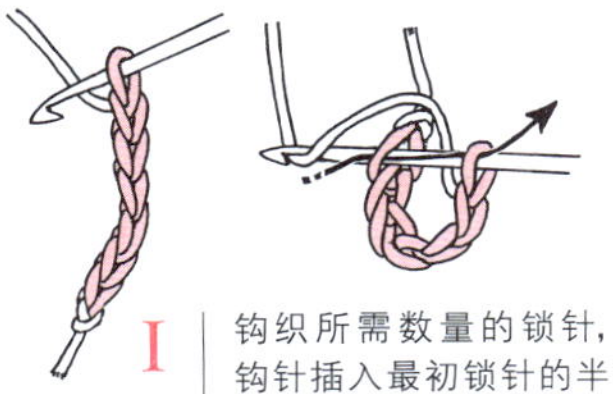

1 钩织所需数量的锁针，钩针插入最初锁针的半针中，引拔钩织。

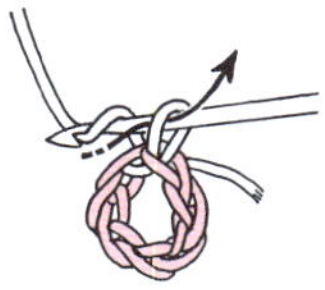

2 针上挂线后拉出，钩织立织的锁针。

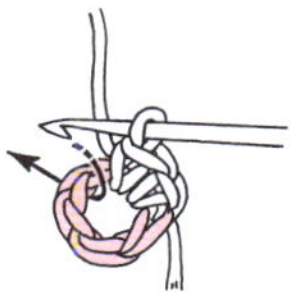

3 钩织第1圈时，将钩针插入圆环中，整束挑起锁针，钩织所需数量的短针。

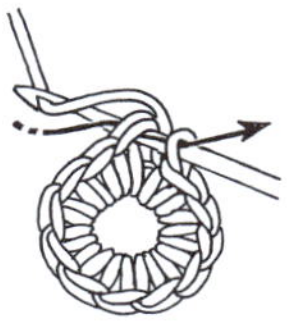

4 在第1行的终点处，钩针插入最初短针的上面，挂线后引拔钩织。

起针

平针编织时

1

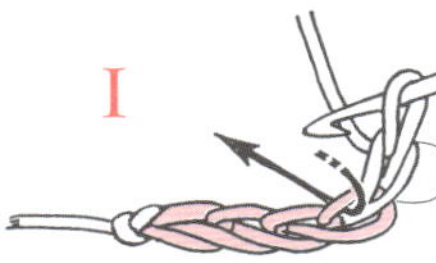

钩织所需数量的锁针，相当于立织的锁针长度，钩针插入从头数第 2 针的锁针里，挂线后将线拉出。

2

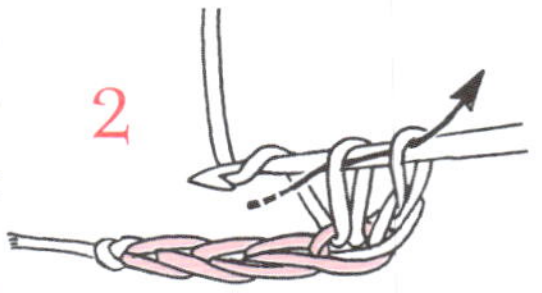

针上挂线，按照箭头所示方向，引拔出线。

3

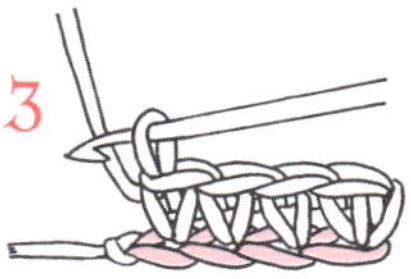

完成第 1 圈的情形（立织的 1 针锁针不算作 1 针）。

前一行针目的挑针方法

即使是同一枣形针，符号图不同，挑针方法也不一样。符号图下方闭合时，表示在前一行的同一针上钩织；符号图下方打开时，表示整束挑起前一行的锁针进行钩织。

在同 1 针上织入

1 2

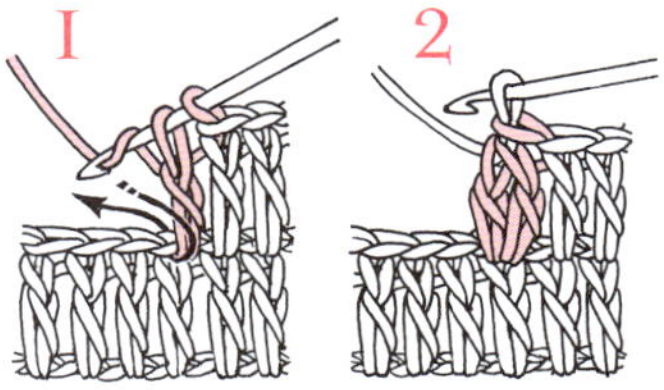

整束挑起前一行的锁针进行钩织

1 2

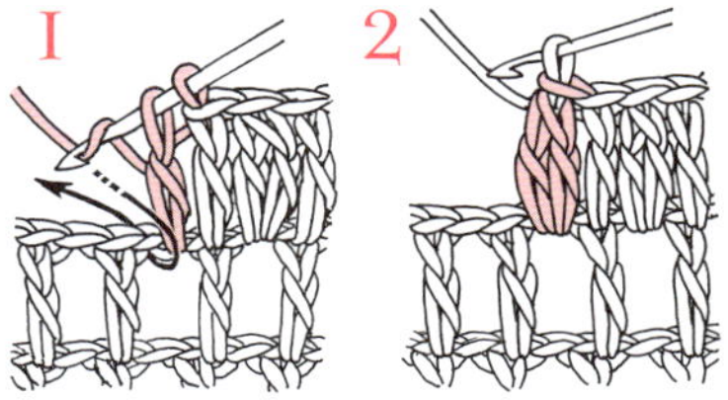

针法符号

锁针

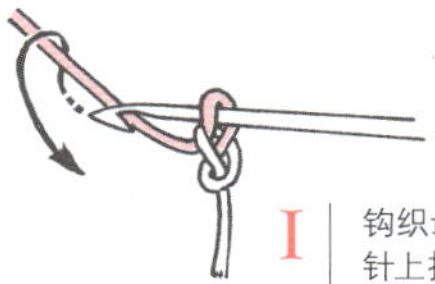

1 钩织最初的 1 针，针上挂线。

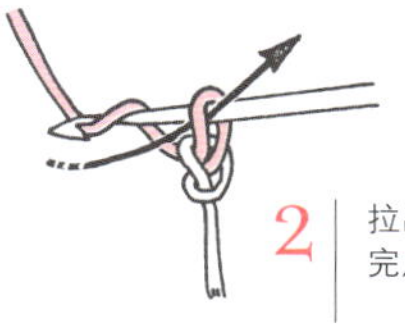

2 拉出挂好的线，完成锁针。

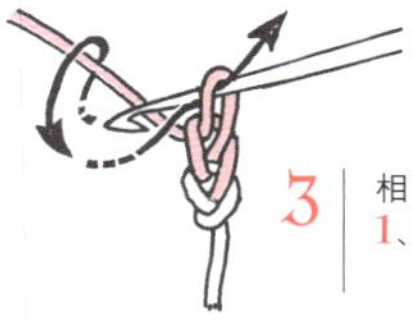

3 相同方法重复步骤 1、2，继续钩织。

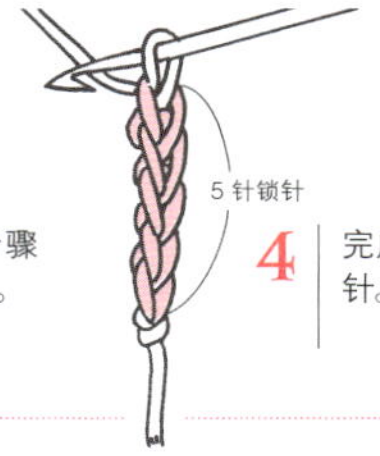

4 完成 5 针锁针。

引拔针

1

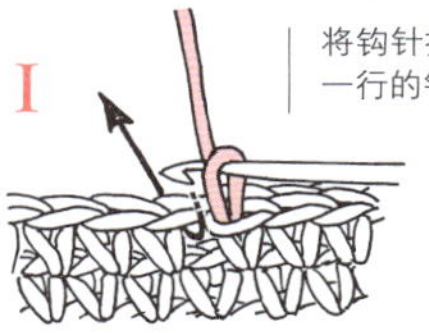

将钩针插入前一行的针目。

2

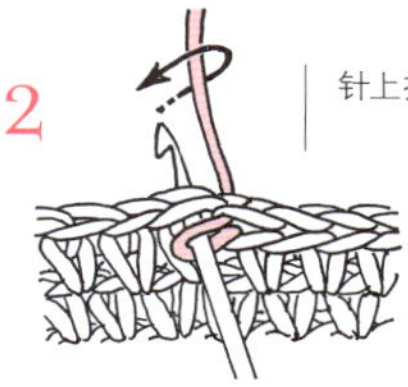

针上挂线。

3

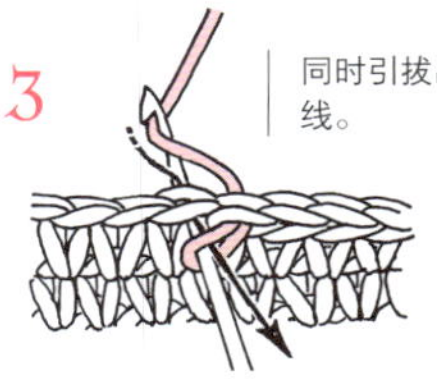

同时引拔出线。

4

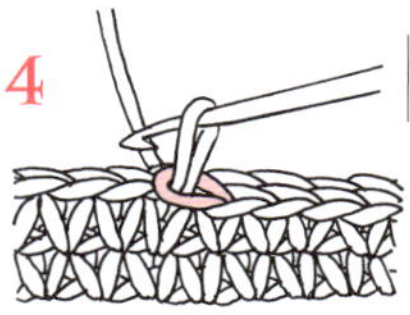

完成 1 针引拔针。

短针

1

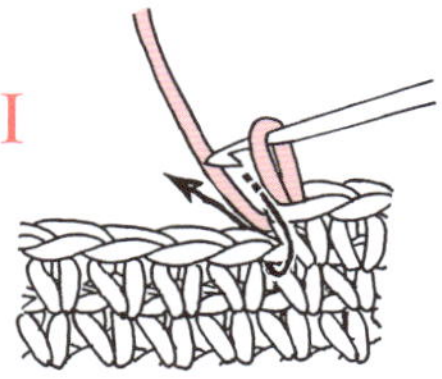

将钩针插入前一行的针目。

2

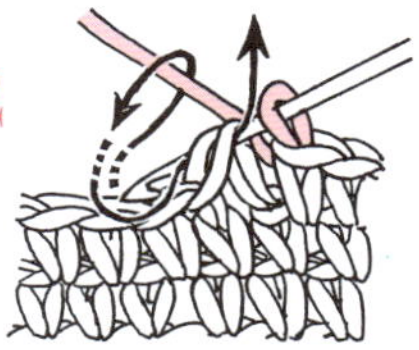

针上挂线，将线圈拉出至手前。

3

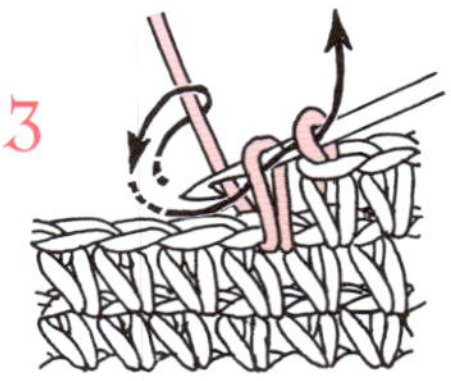

再次针上挂线，同时引拔 2 个环圈。

4

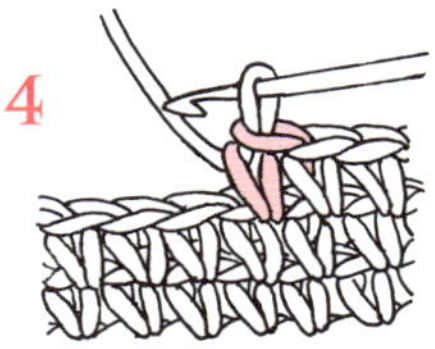

完成 1 针短针。

中长针

1

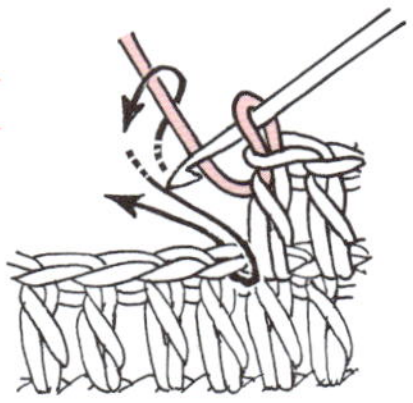

针上挂线后，将钩针插入前一行的针目，并挑起。

2

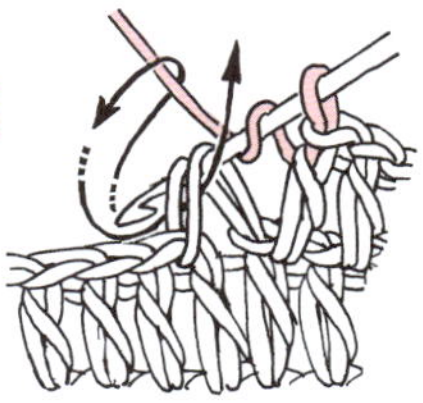

针上再次挂线，并拉出至手前。

3

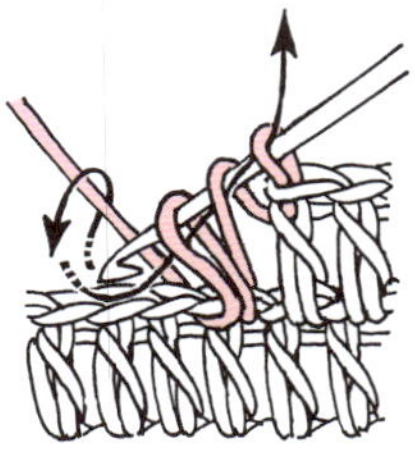

针上挂线，同时引拔 3 个环圈。

4

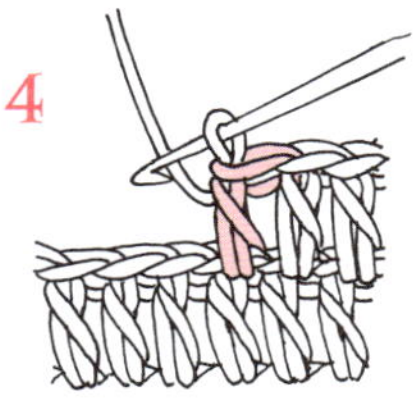

完成 1 针中长针。

针法符号

长针

1
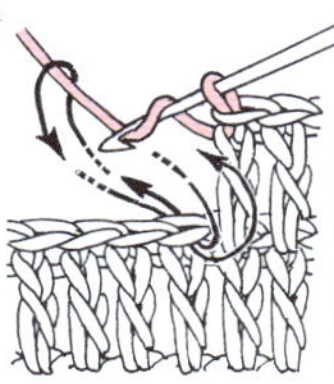
针上挂线后，将钩针插入前一行的针目，再次挂线，将线圈拉出至面前。

2
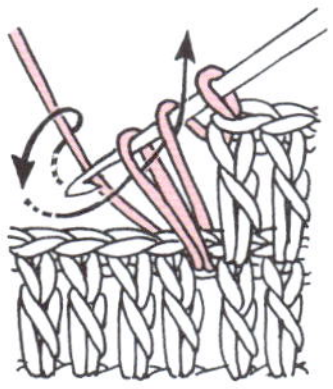
按照箭头所示方向，引拔2个线圈（此状态为未完成的长针）。

3
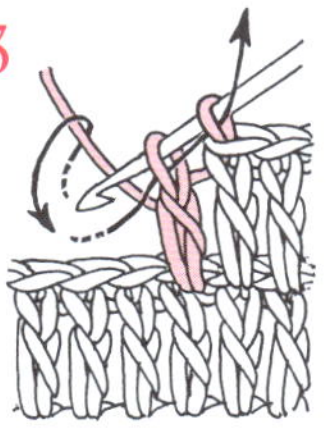
再次在针上挂线，按照箭头所示方向，引拔余下的2个线圈。

4
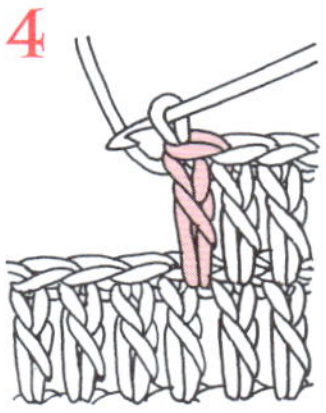
完成1针长针。

长长针

三卷长针

※（ ）内为钩织三卷长针的次数

1
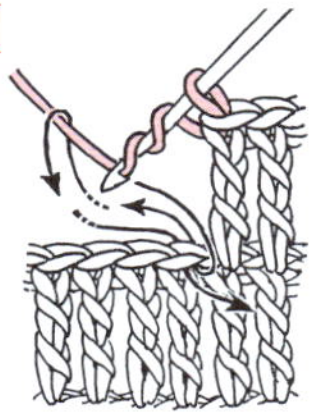
针上挂2圈（3圈）线后，将钩针插入前一行的针目，再次挂线，将线圈拉出至面前。

2
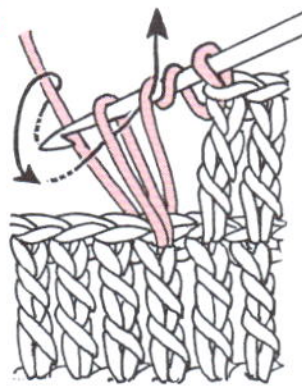
按照箭头所示方向，引拔2个线圈。

3
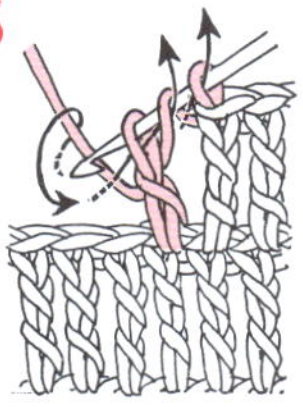
同步骤2的方法，重复2次（3次）。

4

完成1针长长针。

短针2针并1针

1
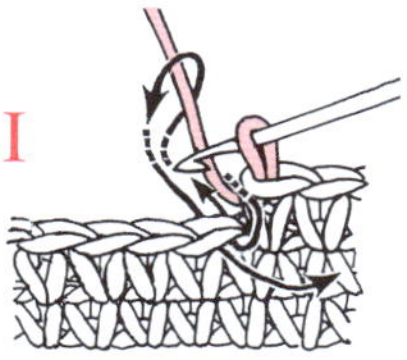
如箭头所示，将钩针插入前一行的针目，拉出线圈。

2
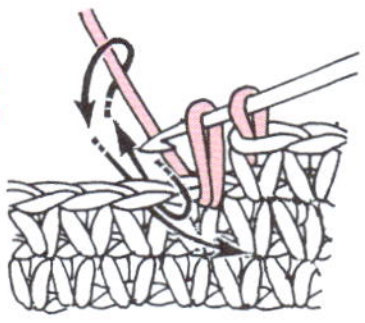
从下1个针目开始，都以同一方法拉出线圈。

3
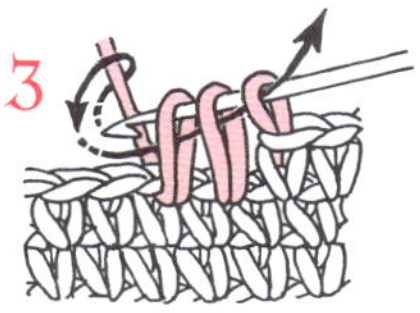
针上挂线，如箭头所示，同时引拔3个线圈。

4
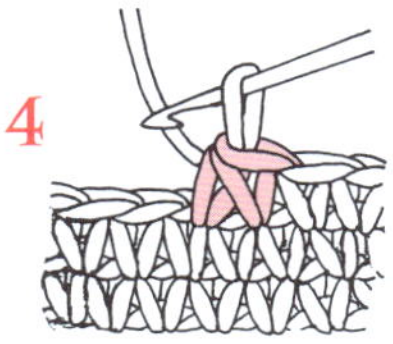
完成短针2针并1针（较前一行减少1针）。

1针放2针短针

1针放3针短针

1
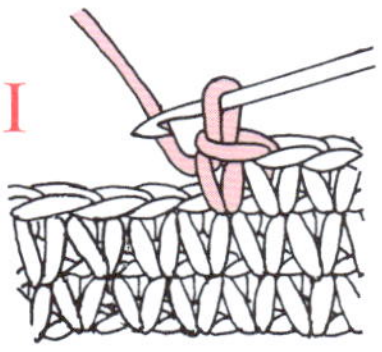
钩织1针短针。

2
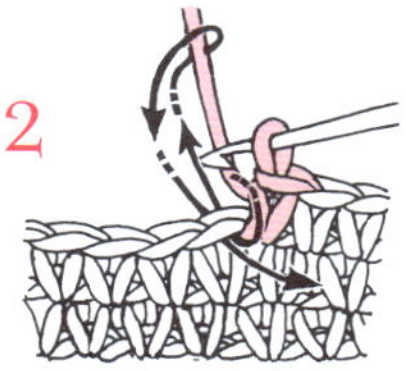
将钩针插入同一针目拉出线圈，钩织短针。

3
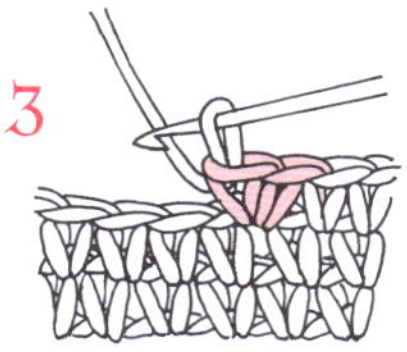
完成1针放2针短针的情形（较前一行增加1针）。

4
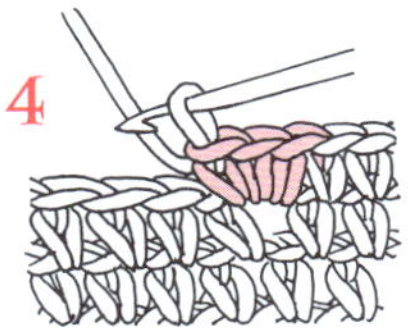
再钩织1针短针，完成1针放3针短针（较前一行增加2针）。

3针锁针的狗牙拉针

1
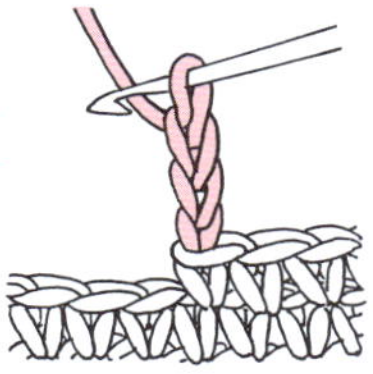
钩织3针锁针。

2
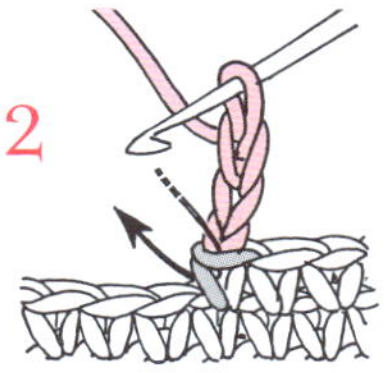
将钩针插入短针上面半针和下面1根线。

3
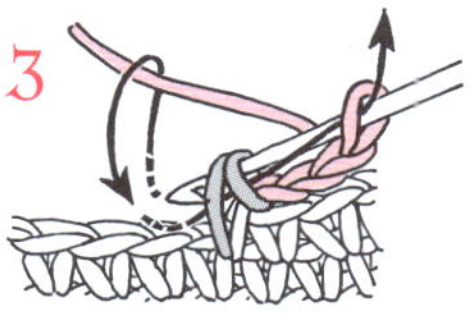
针上挂线，按照箭头所示同时引拔。

4
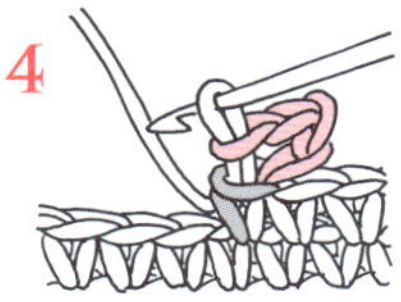
完成3针锁针的狗牙拉针。

变化的反短针

1
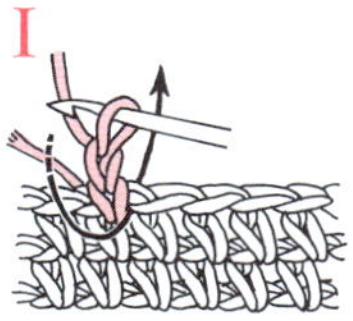
立织1针钩织锁针，如箭头所示，将钩针由面前插入。

2
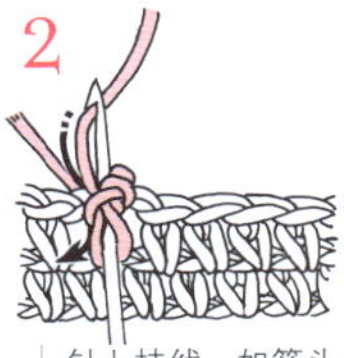
针上挂线，如箭头所示，将线拉出。

3
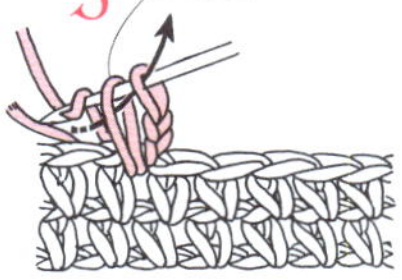

再次挂线，同时引拔2个线圈。

4
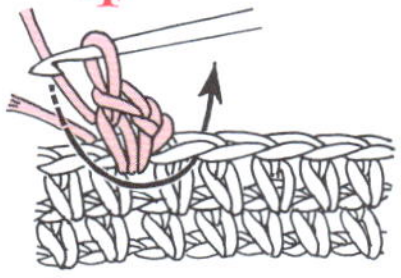
如箭头所示，将钩针由手前插入下一针目。

5
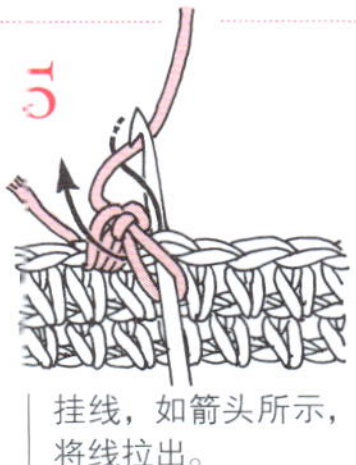
挂线，如箭头所示，将线拉出。

6
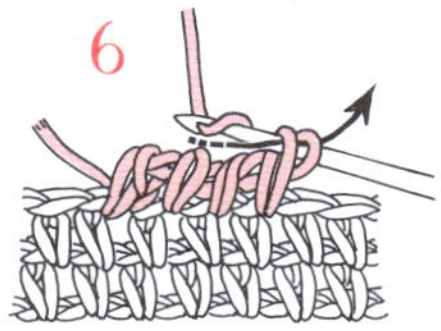
再次挂线，同时引拔2个线圈。重复操作，继续钩织变化的反短针。

长针 2 针并 1 针

1
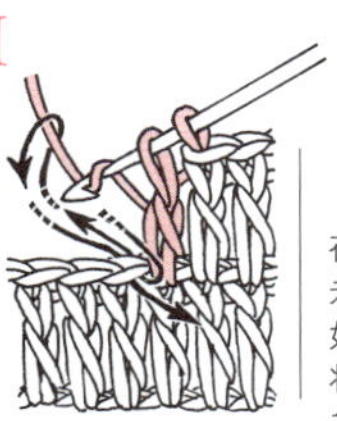
在前一行织入未完成的长针，如箭头所示，将钩针插入下 1 针，将线拉出。

2
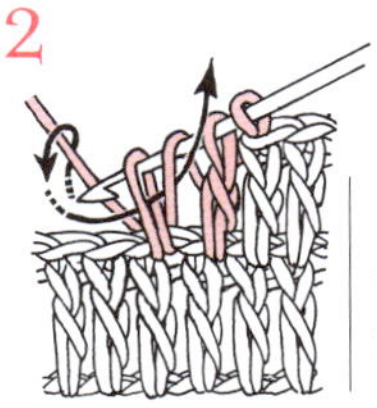
针上挂线，引拔 2 个线圈，钩织第 2 针未完成的长针。

3
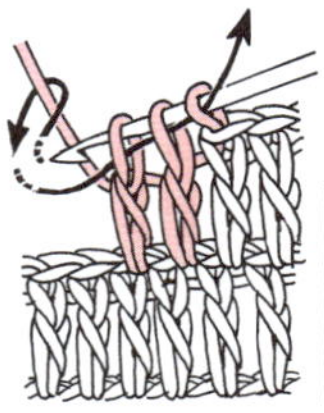
针上挂线，如箭头所示，同时引拔 3 个线圈。

4
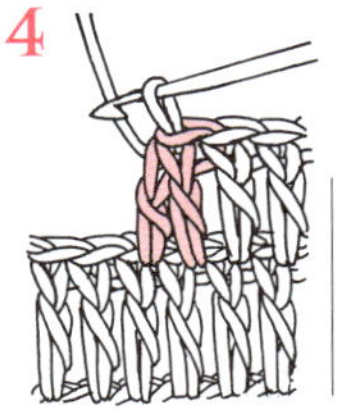
完成长针 2 针并 1 针（较前一行减 1 针）。

1 针放 2 针长针

1
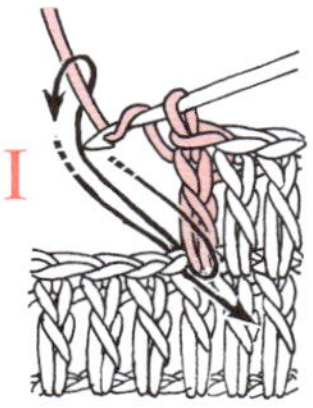
在钩织 1 针长针的针目上，再织入 1 针长针。

2
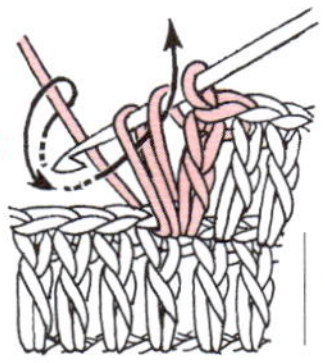
针上挂线，引拔 2 个线圈。

3
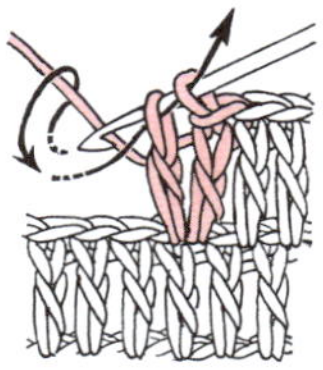
再次挂线，引拔余下的 2 个线圈。

4
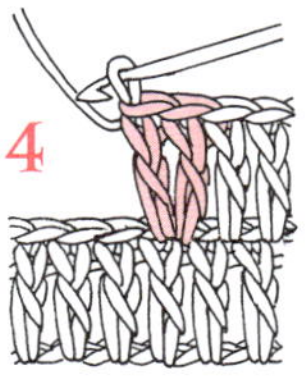
完成 1 针放 2 针长针（较前一行增加 1 针）。

3 针长针的枣形针

1
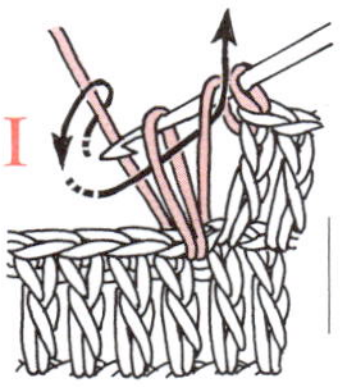
在前一行的 1 针上钩织 1 针未完成的长针。

2
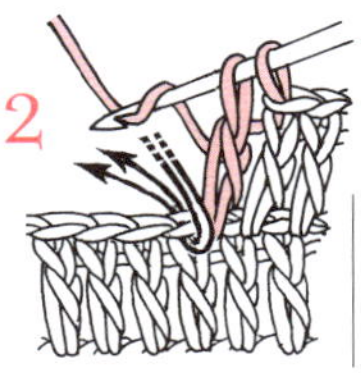
将钩针插入同一针目，继续钩织 2 针未完成的长针。

3
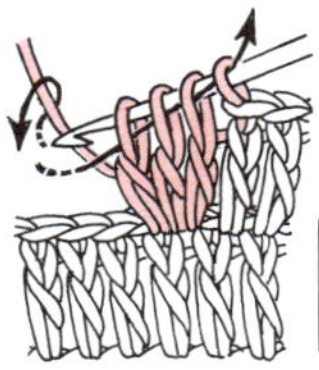
挂线，同时引拔针上的 4 个线圈。

4
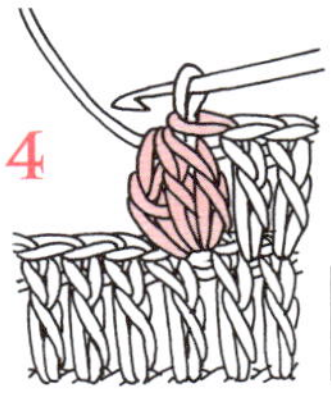
完成 3 针长针的枣形针。

5 针长针的爆米花针

1

在前一行的同一针目上织入 5 针长针，将钩针抽出后，如箭头所示，重新插入。

2
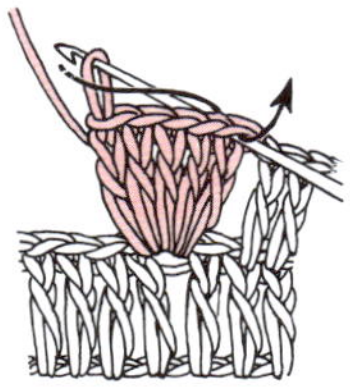
直接将线圈引拔至手前。

3
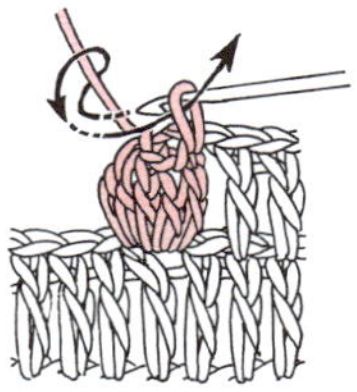
再钩织 1 针锁针，拉紧。

4
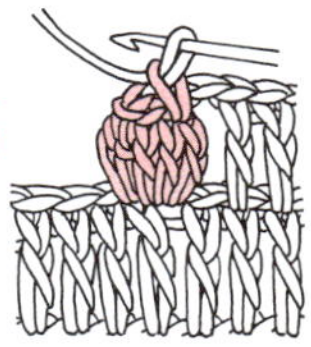
完成 5 针长针的爆米花针。

短针的条纹针

1
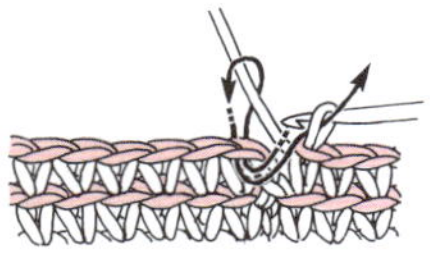
对着每行的正面钩织。扭转钩织短针，引拔至最初针目。

2
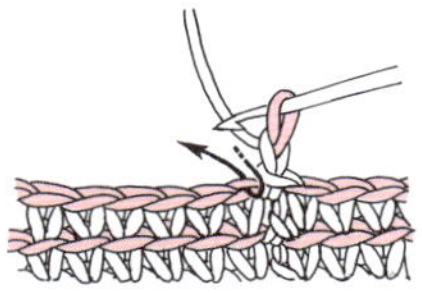
立织 1 针锁针，挑起前一行对侧半针，钩织短针。

3
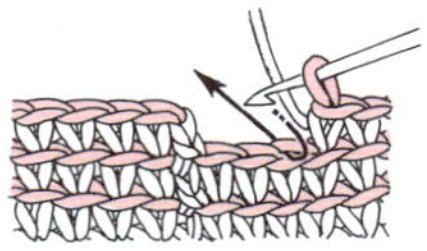
同样，重复步骤 2 的要领，继续钩织短针。

4
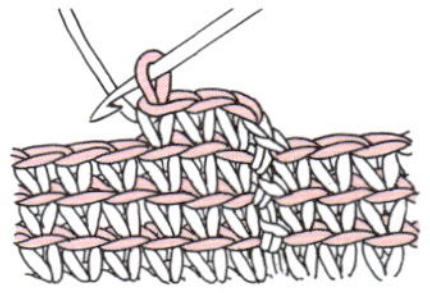
前一行手前侧半针呈现条纹状。完成第 3 行短针的条纹针的情形。

短针的菱形针

1
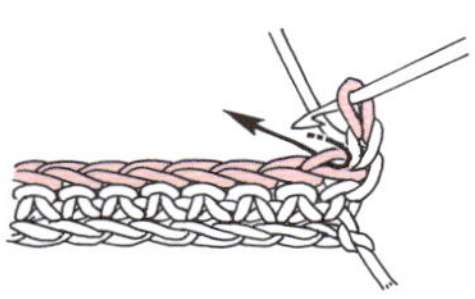
如箭头所示，将钩针插入前一行针目的对侧半针。

2
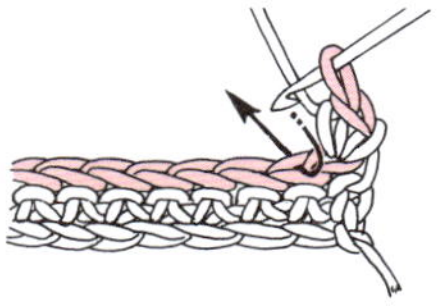
钩织短针，下一针也同样是将钩针插入前一行针目的对侧半针。

3
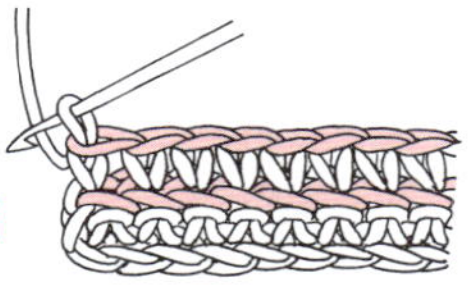
钩织到一侧后，变化织片方向。

4
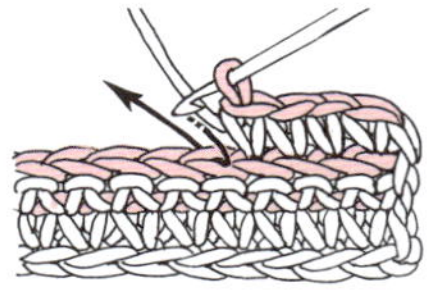
与步骤 1、2 方法相同，钩针插入前一行针目的对侧半针，钩织短针。

钩针编织的基础

针法符号

短针的正拉针

※ 如果对着反面进行往返编织，就是反拉针

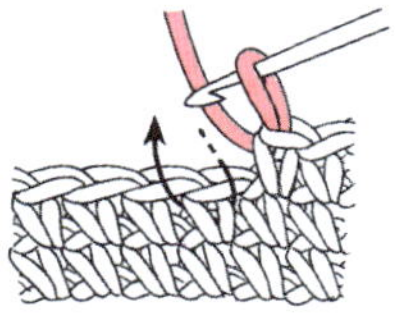

1 如箭头所示，将钩针插入前一行的短针下面。

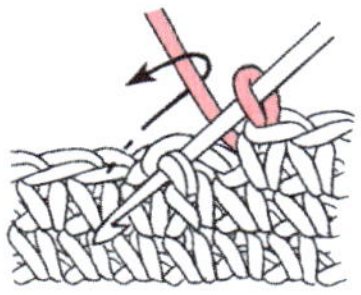

2 针上挂线，拉出的织线较短针长一些。

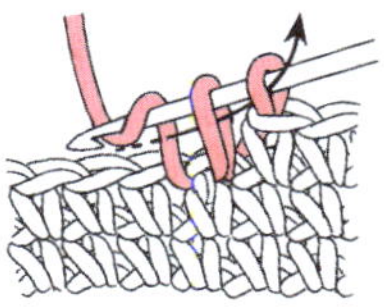

3 再次挂线，同时引拔 2 个线圈。

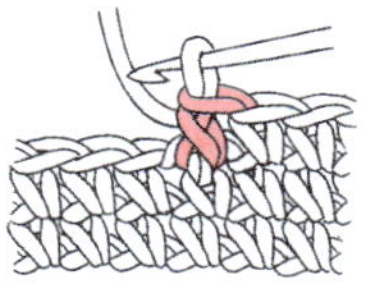

4 完成 1 针短针的正拉针。

短针的反拉针

※ 如果对着正面进行往返编织，就是正拉针

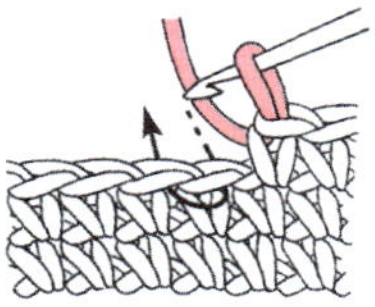

1 如箭头所示，将钩针由反面插入前一行的短针下面。

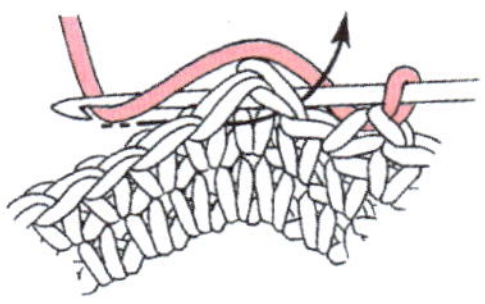

2 针上挂线，如箭头所示，织线拉向织片的后面。

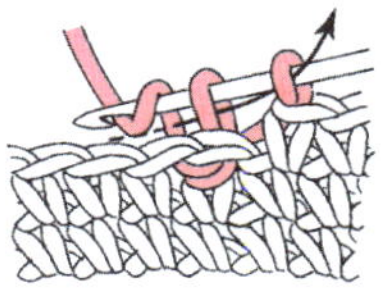

3 所拉出的织线较短针长一些。再次挂线，同时引拔 2 个线圈。

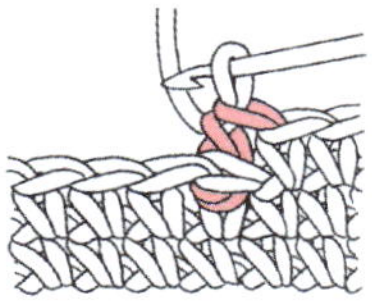

4 完成 1 针短针的反拉针。

罗纹绳的钩织方法

1 预留罗纹绳 3 倍长度的线端，先用起针方法钩织（参照 P.91）。

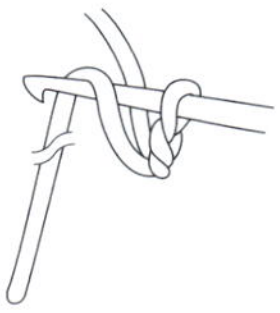

2 挂上线端。

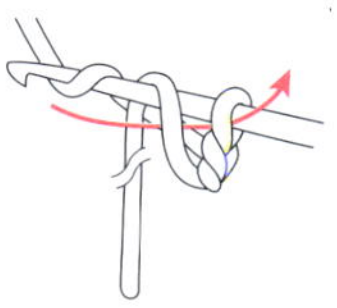

3 挂上线后引拔。

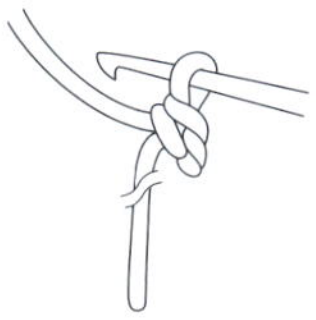

4 重复步骤 2、3，钩织所需数量的针目。钩织终点处钩织锁针，线端不再钩织。

其他基础 Index

图书在版编目（CIP）数据

3天就能钩成的超可爱立体小物精选集 / 日本朝日新闻编著；于勇译. —郑州：河南科学技术出版社，2016.9（2017.6重印）
ISBN 978-7-5349-8231-6

Ⅰ.①3… Ⅱ.①日… ②于… Ⅲ.①钩针-编织-图集 Ⅳ.①TS935.521-64

中国版本图书馆CIP数据核字（2016）第151387号

出版发行：河南科学技术出版社
地址：郑州市经五路66号 邮编：450002
电话：（0371）65737028 65788613
网址：www.hnstp.cn
策划编辑：刘 欣
责任编辑：刘 瑞
责任校对：耿宝文
封面设计：张 伟
责任印制：张艳芳
印 刷：北京盛通印刷股份有限公司
经 销：全国新华书店
幅面尺寸：213 mm × 285 mm 印张：6 字数：140千字
版 次：2016年9月第1版 2017年6月第2次印刷
定 价：46.00元